高等职业院校精品教材系列

SMT 生产工艺
项目化教程

夏玉果　主　编

刘恩华　商敏红　陆渊章　赵　涛　副主编

U0218107

电子工业出版社

Publishing House of Electronics Industry

北京·BEIJING

内 容 简 介

本书以 SMT 生产工艺为主线，以"理论知识+项目实践"相融合的方式组织教学，内容主要包括 SMT 生产准备、SMT 锡膏印刷操作、SMT 贴装操作、SMT 再流焊接操作、SMT 检测操作及 SMT 返修操作等。本书编写力求内容贴近 SMT 生产实际、知识要点覆盖 SMT 技术行业发展及 SMT 企业岗位需求。全书内容涵盖 SMT 技术的各生产环节，注重内容的实用性，学习本书后读者能够全面系统地掌握 SMT 技术及操作技能。

本书为高等职业本专科院校电子信息类、通信类、计算机类、自动化类、机电类等专业 SMT 技术课程的教材，也可作为开放大学、成人教育、自学考试、中职学校和培训班的教材，以及 SMT 行业工程技术人员的参考书。

本书配有免费的电子教学课件、习题参考答案等，详见前言。

图书在版编目（CIP）数据

SMT 生产工艺项目化教程 / 夏玉果主编. —北京：电子工业出版社，2016.8（2024.8重印）
高等职业院校精品教材系列
ISBN 978-7-121-29279-8

Ⅰ. ①S… Ⅱ. ①夏… Ⅲ. ①印刷电路—生产工艺—高等学校—教材 Ⅳ. ①TN410.5

中国版本图书馆 CIP 数据核字（2016）第 152079 号

策划编辑：陈健德（E-mail:chenjd@phei.com.cn）
责任编辑：郝黎明
印　　刷：北京虎彩文化传播有限公司
装　　订：北京虎彩文化传播有限公司
出版发行：电子工业出版社
　　　　　北京市海淀区万寿路 173 信箱　邮编 100036
开　　本：787×1 092　1/16　印张：11　字数：281 千字
版　　次：2016 年 8 月第 1 版
印　　次：2024 年 8 月第 12 次印刷
定　　价：36.00 元

凡所购买电子工业出版社图书有缺损问题，请向购买书店调换。若书店售缺，请与本社发行部联系，联系及邮购电话：（010）88254888，88258888。

质量投诉请发邮件至 zlts@phei.com.cn，盗版侵权举报请发邮件至 dbqq@phei.com.cn。
本书咨询联系方式：chenjd@phei.com.cn。

职业教育　继往开来（序）

自我国经济在 21 世纪快速发展以来，各行各业都取得了前所未有的进步。随着我国工业生产规模的扩大和经济发展水平的提高，教育行业受到了各方面的重视。尤其对高等职业教育来说，近几年在教育部和财政部实施的国家示范性院校建设政策鼓舞下，高职院校以服务为宗旨、以就业为导向，开展工学结合与校企合作，进行了较大范围的专业建设和课程改革，涌现出一批示范专业和精品课程。高职教育在为区域经济建设服务的前提下，逐步加大校内生产性实训比例，引入企业参与教学过程和质量评价。在这种开放式人才培养模式下，教学以育人为目标，以掌握知识和技能为根本，克服了以学科体系进行教学的缺点和不足，为学生的顶岗实习和顺利就业创造了条件。

中国电子教育学会立足于电子行业企事业单位，为行业教育事业的改革和发展，为实施"科教兴国"战略做了许多工作。电子工业出版社作为职业教育教材出版大社，具有优秀的编辑人才队伍和丰富的职业教育教材出版经验，有义务和能力与广大的高职院校密切合作，参与创新职业教育的新方法，出版反映最新教学改革成果的新教材。中国电子教育学会经常与电子工业出版社开展交流与合作，在职业教育新的教学模式下，将共同为培养符合当今社会需要的、合格的职业技能人才而提供优质服务。

近期由电子工业出版社组织策划和编辑出版的"全国高等职业教育规划教材·精品与示范系列"，具有以下几个突出特点，特向全国的职业教育院校进行推荐。

（1）本系列教材的课程研究专家和作者主要来自于教育部和各省市评审通过的多所示范院校。他们对教育部倡导的职业教育教学改革精神理解得透彻准确，并且具有多年的职业教育教学经验及工学结合、校企合作经验，能够准确地对职业教育相关专业的知识点和技能点进行横向与纵向设计，能够把握创新型教材的出版方向。

（2）本系列教材的编写以多所示范院校的课程改革成果为基础，体现重点突出、实用为主、够用为度的原则，采用项目驱动的教学方式。学习任务主要以本行业工作岗位群中的典型实例提炼后进行设置，项目实例较多，应用范围较广，图片数量较大，还引入了一些经验性的公式、表格等，文字叙述浅显易懂。增强了教学过程的互动性与趣味性，对全国许多职业教育院校具有较大的适用性，同时对企业技术人员具有可参考性。

（3）根据职业教育的特点，本系列教材在全国独创性地提出"职业导航、教学导航、知识分布网络、知识梳理与总结"及"封面重点知识"等内容，有利于老师选择合适的教材并有重点地开展教学过程，也有利于学生了解该教材相关的职业特点和对教材内容进行高效率的学习与总结。

（4）根据每门课程的内容特点，为方便教学过程对教材配备相应的电子教学课件、习题答案与指导、教学素材资源、程序源代码、教学网站支持等立体化教学资源。

职业教育要不断进行改革，创新型教材建设是一项长期而艰巨的任务。为了使职业教育能够更好地为区域经济和企业服务，殷切希望高职高专院校的各位职教专家和老师提出建议和撰写精品教材（联系邮箱：chenjd@phei.com.cn，电话：010-88254585），共同为我国的职业教育发展尽自己的责任与义务！

中国电子教育学会

前　言

　　表面组装技术（SMT）被誉为20世纪末电子生产技术的第三次革命。近年来，随着我国经济的快速发展，电子制造产业得到了迅猛发展，我国正在从制造大国走向制造强国。作为电子制造业技术应用最为广泛的主流技术，我国SMT技术规模不断扩大，企业SMT人才需求旺盛，掌握SMT基本理论并具备SMT生产基本实践能力，是高等职业院校电子类相关专业学生和电子制造业从业者必备的专业素质之一。该课程组结合示范专业课程建设成果编写本书，在编写过程中力求体现以下特点。

　　（1）以SMT生产工艺为主线，以岗位职业能力培养为目标，使学生的知识、技能、素质适应职业岗位要求。

　　（2）将理论知识与实践操作融为一体，突出"教、学、做"一体化，有利于实现"学中做、做中学"。

　　（3）融入SMT企业文化和环境氛围，拓展SMT职业相关的各种信息，使学生拓展职业素养、开阔视野。

　　（4）通过深入行业、企业调研和SMT职业岗位分析，将SMT职业标准嵌入课程教学过程中，将职业资格证书要求融入课程标准中，做到课证融合。

　　（5）内容贴近企业，采用SMT新标准，将IPC标准融入课程教学，便于学生考取相应的资格证书。

　　本书由江苏信息职业技术学院电信学院夏玉果担任主编并负责统稿，刘恩华、商敏红、陆渊章和赵涛担任副主编，蒋敬姑、钱宜平、王琦华参与编写。本书共设6个项目，其中商敏红、赵涛、钱宜平编写项目1，蒋敬姑编写项目3，刘恩华编写项目4，陆渊章编写项目5，王琦华编写项目6，夏玉果编写项目2。在编写过程中，还得到江扬（无锡）科技有限公司工程技术人员的大力协助，在此表示衷心感谢。

　　由于SMT技术正处于不断发展和完善中，加上编者水平和经验有限，书中难免存在错误及不妥之处，恳请各位读者提出宝贵意见，以便及时改正。

　　为方便教学，本书配有免费的电子教学课件、习题参考答案，请有需要的教师登录华信教育资源网（http://www.hxedu.com.cn）免费注册后进行下载，如有问题请在网站留言或与电子工业出版社联系（E-mail: hxedu@phei.com.cn）。

编　者

目　录

项目 1

SMT 生产准备

教学导航

知识目标	✧ 理解 SMT 与 THT 的区别； ✧ 掌握 SMT 生产组成及生产线构成； ✧ 理解电路板的不同组装方式； ✧ 掌握 SMT 工艺流程设计方法； ✧ 理解 SMT 生产环境要求； ✧ 理解表面组装元器件的特点； ✧ 熟悉常见表面组装元器件名称、外形、尺寸、标注等信息； ✧ 掌握表面组装元器件包装形式； ✧ 理解表面组装印制电路板的设计原则； ✧ 理解 5S 管理的内容和方法； ✧ 掌握静电防护方法； ✧ 理解 SMT 生产人员的组成； ✧ 理解 SMT 工艺文件的编写
能力目标	✧ 能够区分 SMT 和 THT； ✧ 能够合理设计 SMT 工艺流程； ✧ 能够读懂元器件的外形和包装形式； ✧ 能够根据生产要求设计表面组装印制电路板； ✧ 能够掌握静电防护措施； ✧ 能够明确 5S 管理的实施步骤； ✧ 能够编写工艺文件
重点难点	✧ SMT 工艺流程设计； ✧ 表面组装元器件的名称、外形、尺寸和标注； ✧ 表面组装印制电路板设计原则； ✧ SMT 生产过程中静电防护； ✧ 工艺文件的编写
学习方法	✧ 结合 SMT 生产实训工厂和典型产品案例进行学习； ✧ 借助网络资源，加深对 SMT 的了解

项目分析

表面组装技术（Surface Mount Technology，SMT)，是新一代的电子组装技术，对现代电子产品的生产具有重要的作用。本项目在掌握 SMT 定义、特点和生产流程的基础上，结合 SMT 生产进行生产环境、生产物料、生产设备、生产人员和生产文件的准备。

在生产环境准备中，介绍 SMT 生产条件、静电防护、5S 管理的规范操作；在生产物料中讲解表面组装元器件的特点和识别方法，表面组装印制电路板的结构和检测方法；在生产设备中介绍 SMT 生产线上各种设备及其功能；在生产人员中讲解 SMT 生产企业的部门设置、生产人员的岗位设置及其职能；在生产文件中介绍 SMT 生产中的工艺文件种类和格式。

1.1 SMT 的定义与特点

1. SMT 的定义

表面组装技术（SMT）也称表面贴装技术，它将传统的分立式电子元器件压缩成体积很小的无引线或短引线的片状元器件，直接贴装在印制电路板（Printed Circuit Board，PCB）上，从而实现了电子产品组装的高密度、高可靠性、小型化、低成本及生产的自动化。目前，先进的电子产品，特别是计算机和通信类电子产品中，已普遍采用表面组装技术。

从狭义上讲，SMT 就是用自动化组装设备将片式化、微型化的无引线或短引线的表面组装元件（Surface Mount Component，SMC）或表面组装器件（Surface Mount Device，SMD)，直接贴、焊到印制电路板表面或其他基板的表面规定位置上的一种电子装联技术。从工艺角度来细化，就是首先在 PCB 焊盘上涂敷焊锡膏，再将表面组装元器件准确地放到涂有焊锡膏的焊盘上，通过加热 PCB 直至焊锡膏熔化，冷却后实现元器件与印制电路板之间的连接。

从广义上讲，SMT 是一项复杂的、综合的系统工程，主要涉及化工与材料技术（如焊料、焊锡膏、助焊剂、贴片胶、清洗剂等）、涂覆技术（如焊锡膏印刷和贴片胶涂覆）、精密机械加工技术（如模板制作、工装夹具等）、自动控制技术（如生产设备、生产线控制等）、焊接技术（如波峰焊、回流焊等）、测试技术、检验技术和管理技术等。

总结以上的定义，SMT 的基本组成可以归纳为生产物料、生产设备、生产工艺和生产管理四个部分，其中，生产物料和生产设备称为 SMT 硬件，生产工艺和生产管理称为 SMT 软件，SMT 基本组成如图 1-1 所示。

2. SMT 的特点

作为新一代的电子组装技术，与传统的通孔插装技术（Through Hole Technology，THT）相比，具有以下优点：

（1）组装密度高、电子产品体积小、重量轻。表面组装元器件的体积比传统的通孔插装元器件要小得多，表面组装元器件仅占印制电路板 1/3～1/2 的空间，且表面组装元器件的重量只有传统的通孔插装元器件的 1/10 左右，电子产品体积缩小 40%～60%，重量减轻60%～80%。

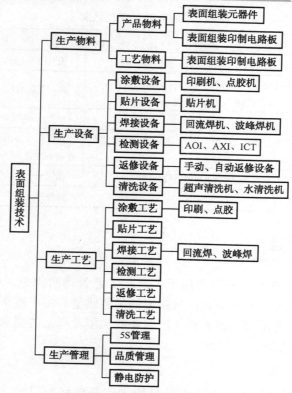

图 1-1   表面组装技术的组成

（2）可靠性高、抗震能力强。由于表面组装元器件的体积小、重量轻，故抗振能力强。表面组装元器件的焊接可靠性比通孔插装元器件要高，SMT 的焊点缺陷率比 THT 低一个数量级，采用表面组装的电子产品平均无故障的时间一般在 20 万小时以上。

（3）高频特性好。表面组装元器件无引脚或短引脚，从而降低了引脚的分布特性影响，大大降低了寄生电容和寄生电感对电路的影响，减少了电磁干扰和射频干扰，降低了组件的噪声，改善了组件的高频特性。

（4）自动化程度高、生产效率高。与 THT 相比，SMT 更适合自动化生产，THT 根据不同的插装元器件，需要选择不同的插装设备，设备生产调整准备时间较长，而且由于通孔的孔径较小，插装的精度也比较差。一台 SMT 泛用贴片机，配置不同的喂料器和吸嘴，就可以实现不同类型元器件的贴装。此外，SMT 减少了 THT 的操作工序，更加易于大规模自动化生产，提高产品生产的效率。

（5）降低生产成本。SMT 使 PCB 布线密度增加、钻孔数目减少、面积变小、同功能的 PCB 层数减少，这些都使 PCB 的制造成本降低。无引线或短引线的 SMC/SMD 减少了引线材料、剪线打弯工序，节约了设备、人力的费用。电子产品体积缩小、重量减轻，减少了包装和运输的成本，一般情况下，电子产品采用 SMT 后，可使产品总生产成本降低 30%～50%。

从电子产品组装工艺角度，表面组装技术 SMT 与通孔插装技术 THT 的主要区别如表 1-1 所示。

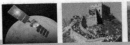

表 1-1　SMT 与 THT 的区别

类　　型		SMT	THT
元器件	元件	片式（无引线）电阻、电容、电感等	长引线的电阻、电容、电感等
	器件	无引线或短引线的 SOT、SOP、PLCC、LCCC、QFP、BGA、CSP、QFN 等	单列直插 SIP，双列直插 DIP
印制电路板		2.54 mm 网格设计	1.27 mm 网格设计，甚至更小
		通孔孔径为 $\phi0.8\sim\phi0.9$ mm，主要用来插装元器件引脚	通孔孔径为 $\phi0.3\sim\phi0.5$ mm，主要用来实现多层 PCB 之间的电气连接
组装方法		贴装——元器件贴装在 PCB 焊盘表面	插装——元器件插入 PCB 焊盘内
焊接方法		回流焊	波峰焊

1.2　SMT 工艺流程

　　工艺流程是指导操作人员操作和用于生产、工艺管理的规范，是制造产品的技术依据。表面组装工艺流程设计合理与否，直接影响组装质量、生产效率和制造成本。在实际生产中，工艺人员应根据所用元器件和生产设备的类型及产品的要求，设计合适的生产工艺流程，以满足不同产品的生产需要。

1. 组装技术工艺分类

　　采用组装技术完成装联的印制板组装件称为印制电路板组件（Printed Circuit Board Assembly，PCBA），一般将表面组装工艺分为 6 种组装方式，如表 1-2 所示。

表 1-2　组装工艺的 6 种组装方式

序号	组装方式		示　意　图	电路基板
1	全表面组装	单面表面组装		单面或双面印制电路板
2		双面表面组装		双面或多层印制电路板
3	单面混装	THC 在 A 面，SMD 在 B 面		单面印制电路板
4		SMD 和 THC 都在 A 面		双面印制电路板
5	双面混装	THC 在 A 面，A、B 两面都有 SMD		双面或多层印制电路板
6		A、B 两面都有 SMD 和 THC		双面或多层印制电路板

2. SMT 的工艺流程

表面组装工艺有两种基本的工艺流程，即焊锡膏—回流焊工艺和贴片胶—波峰焊工艺，SMT 的所有工艺流程基本上都是在这两种工艺流程的基础上变化而来的。

锡膏—回流焊工艺，就是先在印制电路板焊盘上印刷适量的锡膏，再将片式元器件贴放到印制电路板的规定位置上，最后将贴装好元器件的印制电路板通过回流焊完成焊接过程。该工艺的特点是简单、快捷，有利于产品体积的减小，这种工艺流程主要适用于只有表面组装元器件的组装。其工艺流程如图 1-2 所示。

图 1-2　锡膏—回流焊工艺

贴片胶—波峰焊工艺，就是先在印制电路板焊盘间点涂适量的贴片胶，再将表面组装元器件贴放到印制电路板的规定位置上，然后将贴装元器件的印制电路板进行胶水的固化，然后插装元器件，最后将插装元器件与表面组装元器件同时进行波峰焊接。该工艺流程的特点电子产品的体积进一步减小，并部分使用通孔元器件，价格更低，但所需设备增多，适用于表面组装元器件和插装元器件的混合组装。其工艺流程如图 1-3 所示。

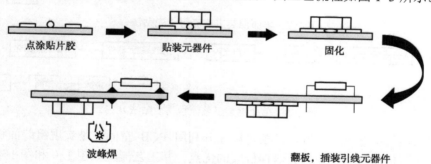

图 1-3　贴片胶—波峰焊工艺

现代电子产品往往不仅只贴装表面组装元器件，还要贴装通孔插装元器件，因此采用 SMT 工艺组装各种产品时所有流程均应以这两种基本工艺流程为基础，两者单独使用或者混合使用，以满足不同产品生产的需求，常见的工艺流程主要包括以下 4 种。

（1）单面表面组装工艺流程。单面表面组装全部采用表面组装元器件，在印制电路板上单面贴装、单面回流焊，其工艺流程如图 1-4 所示。在印制电路板尺寸允许时，应尽量采用这种方式，以减少焊接次数。

来料检测　→　印刷锡膏　→　贴装元器件　→　回流焊　→　检测　→　清洗

图 1-4　单面表面组装工艺流程

（2）双面表面组装工艺。双面表面组装的表面组装元器件分布在 PCB 的两面，组装密度高，其工艺流程如图 1-5 和图 1-6 所示。

图 1-5 双面表面组装工艺流程Ⅰ（回流焊）

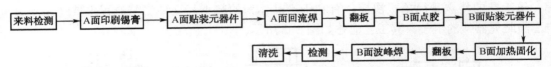

图 1-6 双面表面组装工艺流程Ⅱ（A 面回流焊，B 面波峰焊）

（3）单面混装工艺流程。单面混装是多数消费类电子产品采用的组装方式，它的工艺流程有先贴法和后贴法两类。先贴法适用于贴装元件数量大于插装元器件数量的情况，后贴法适用于贴装元器件数量小于插装元器件数量的情况。其工艺流程如图 1-7 和图 1-8 所示。

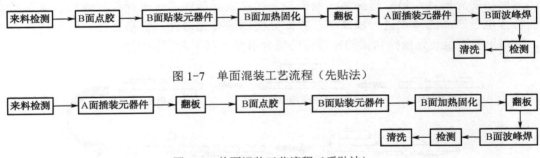

图 1-7 单面混装工艺流程（先贴法）

图 1-8 单面混装工艺流程（后贴法）

（4）双面混装工艺流程。双面混装可以充分利用 PCB 空间，是实现组装面积最小化的方法之一，而且仍保留通孔插装元器件价廉的优点。其工艺流程如图 1-9 和图 1-10 所示。

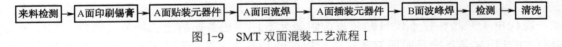

图 1-9 SMT 双面混装工艺流程Ⅰ

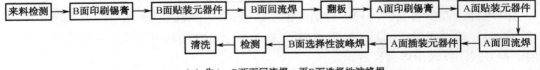

（a）先A、B两面回流焊，再B面选择性波峰焊

（b）先A面回流焊，再B面波峰焊

图 1-10 双面混装工艺流程Ⅱ

1.3　SMT 生产环境要求

SMT 是一项复杂的综合性系统工程技术，涉及基板、元器件、工艺材料、组装技术、高度自动化组装及检测设备等多方面因素，其生产环境要体现"生产均衡有序，工艺布局科学，劳动组织合理，岗位职责明确"的管理特色，因此，对用电、用气，通风、照明、温度、湿度、空气清洁度、防静电、5S 管理等方面有专门的要求。SMT 生产环境设计应遵循以下的有关评价标准。

（1）《工业三废排放试行标准》（GBJ 4—1973）。

（2）《工业企业设计卫生标准》（GBZ 1—2010）。

（3）《大气中铅及无机化合物的卫生标准》（GB 7355—1987）。

具体生产环境包括以下几个方面。

1.3.1　SMT 生产条件

1. 电源

一般要求单相 AC220V±10%、AC380 V、50/60 Hz，应采用三相五线制的接线方法，并要求接地良好，电源电压要稳定。

2. 气源

SMT 设备（如印刷机、贴片机等）都需要气源提供工作动力，一般要求气源压力大于 686 kPa，并且要求气源洁净、干燥。通常要求产生气源的空气压缩机需要加过滤器，冷凝器进行去尘、去水处理。空气管道通常采用不锈钢管或耐压塑料管，应避免使用铁管，因为铁管生锈产生锈渣进入管道和阀门，产生堵塞，造成气路不畅，从而影响机器的正常运行。

3. 排风

SMT 设备（如回流焊、波峰焊等）都有排风要求，应根据设备要求配置排风机。对于回流焊机，一般要求排风管道的最低流量值为 14.15 m³/min。

4. 照明和洁净度

SMT 车间内应有良好的照明条件，理想的照明度为 800～1 200 lx，至少不低于 300 lx，低照明度时，在检测、返修、测量等工作时安装局部照明。

SMT 车间应保持清洁卫生、无尘土、无腐蚀性气体，空气洁净度为 10^5 级，在空调环境条件下，要定时进行换气，保持有一定的新鲜空气，尽量将 CO_2 含量控制在 1 000 mg/L 以下，CO 含量控制在 10 mg/L 以下，以保证人体健康。

5. 温度和湿度

由于 SMT 元件或器件为精密元件，为确保印刷、贴装和焊接性能，必须控制工作环境的温度和湿度。环境温度控制在（25±2）℃，一般为 17 ℃～28 ℃。

环境湿度一般为 40%～70%。湿度太大，SMT 器件、焊锡膏容易吸湿，从而造成印刷和焊接不良。湿度太低，空气干燥，容易产生静电，对 IC 器件贴装不利。

6. 厂房地面承载

SMT 设备一般采用连线安装的方式，因而生产线的长度较长（如一条高速 SMT 线全长为 25~35 m），地面的负荷相对较为集中，单台高速贴片机在转载送料器后，总质量将超过 6 000 kg，因而对厂房地面的承重能力有较高要求。厂房地面承载能力一般要求为 7.5~10 kPa。

1.3.2　静电防护

1. 静电及静电释放

静电是一种电能，它存留于物体表面，是正、负电荷在局部范围内失去平衡的结果，是通过电子或离子的转换而形成的。静电现象是电荷在产生和消失过程中产生的电现象的总称，如摩擦起电、人体起电等现象。不同的材料有不同的静电电量，当两个静电电位不同的导电体之间接触时，或因静电场的感应，累积的静电电荷从一个高静电荷集中区流向另一个相反方向电荷集中区或低电荷集中区时，会破坏原有的平衡状态，导致物体间电荷的移动，产生电流，这一过程称为静电释放（Electrostatic Discharge，ESD）。

静电是一种自由电荷，通常是因摩擦和分离而产生。人体能感受到静电电击的电压最少为 3 000 V，而一些先进的电子元件可能会被低于 1 000 V 的电压损坏，甚至低于 10 V 的电压也能把 IC 击穿。随着科学技术的发展，静电现象已在静电喷涂、静电纺织、静电分选、静电成像等领域得到了广泛的应用，但静电的产生在许多领域会带来重大的危害和损失。例如，在第一个阿波罗号载人宇宙飞船中，由于静电释放导致爆炸，使 3 名宇航员丧生；在火药制造过程中，由于静电释放也会造成爆炸伤亡的事故。

2. 电子行业中静电的危害

电子行业中静电的危害可以分为两种：一种是由静电吸力引起的浮游尘埃的吸附；另一种是由静电释放引起的介质击穿，主要有突发性损伤和潜在性损伤两类。

（1）静电吸附。在半导体元器件的生产制造过程中，由于大量使用了石英和高分子物质制成的器具和材料，其绝缘度很高，在使用过程中，一些不可避免的摩擦可造成其表面电荷不断地积聚，而且电位越来越高。由于静电的力学效应，很容易使工作场所的浮游尘埃吸附于芯片表面，而很小的尘埃吸附都有可能影响半导体器件的性能，因此电子产品的生产必须在清洁的环境中操作，操作人员、器具及环境必须采取一系列的防静电措施，以防止和降低静电环境的形成。

（2）静电击穿。在静电场中，随着电场强度的增强，电荷的不断积累，当达到一定程度时，电介质会失去极化特征而成为导体，最后产生介质的热损坏现象，这种现象称为电介质的击穿。由于静电击穿引起的元器件损坏是电子工业中特别是电子产品制造中最普遍、最严重的危害。

静电释放对电子产品造成的损伤包括突发性损伤和潜在性损伤。突发性损伤是器件被严重损坏，功能丧失。这种损伤通常能够在质量检测时被发现，因此给工厂带来的损失主要是返工维修的成本。而潜在性损伤是指器件部分被损坏，功能尚未丧失，而且在生产过程的检测中不能被发现，但在使用中产品性能不稳定，时好时坏，对产品质量构成更大的危害。在这两种损伤中，潜在性损伤占据了 90%，突发性损伤只占了 10%，也就是说，90%

的静电损伤的产品出厂前是无法检测到的，只有到用户使用时才会被发现。例如，手机出现的死机、自动关机、杂音大、信号时好时差等问题都与静电损伤有关。因此，静电释放被认为是电子产品质量最大的、潜在的杀手，也是电子产品质量控制的重要内容。

3. 电子产品制造中的静电源

（1）人体的活动，人与衣服、鞋、袜等物体之间的摩擦、接触和分离等产生的静电是电子产品制造中主要的静电源之一。人体静电是导致器件产生硬（软）击穿的主要原因。人体活动产生的静电电压为 0.5 k～2 kV。另外，空气湿度对静电电压影响很大，在干燥环境中还要上升 1 个数量级。

（2）化纤或棉制工作服与工作台面、座椅摩擦时，可在服装表面产生 6 000 V 以上的静电电压，并使人带电，此时与器件接触时，会导致放电，容易损坏器件。

（3）橡胶或塑料鞋底的绝缘电阻高达 10^{13} Ω，与地面摩擦时产生静电，并使人体带电。

（4）树脂、漆膜、塑料膜封装的器件放入包装中运输时，器件表面与包装材料摩擦能产生几百伏的静电电压，对敏感器件放电。

（5）用 PP（聚丙烯）、聚乙烯、聚内乙烯、聚酰胺、聚酯和树脂等高分子材料制成的各种包装、供料盒、周转箱、PCB 架等都可能因摩擦、冲击产生 1～3.5 V 的静电电压，对敏感器件放电。

（6）普通工作台面，受到摩擦产生静电。

（7）混凝土、打蜡抛光地板、橡胶板等绝缘地面的绝缘电阻高，人体上的静电荷不容易泄漏。

（8）电子生产设备和工具方面，如电烙铁、波峰焊机、回流焊机、贴片机、调试和检测设备内的高压变压器，交/直流电路都会在设备上感应出静电，如果设备静电泄放措施不好，就会引起敏感器件在制造过程中失效。烘箱内热空气循环流动与箱体摩擦、CO_2 低温冷却箱内的 CO_2 蒸气均可产生大量的静电荷。

4. 静电防护措施

在人们生活、工作的任何时间、任何地点都有可能产生静电。要完全消除静电几乎不可能，但可以采取一定措施控制静电，使其不产生危害。

1）静电防护的基本原则

（1）防：有效地抑制或减少静电荷的产生，严格控制静电源。

（2）泄：迅速、安全、有效地消除已经产生的静电荷，避免静电荷的积聚。

（3）控：对所有防静电措施的有效性进行实时监控，定期检测、维护和检验。

2）绝缘体消除静电方法

（1）使用离子风机中和。

（2）控制环境温度与湿度：增加湿度可减少静电荷的产生和聚积机会。

（3）用防静电导体制品取代非导体制品。

（4）采用静电消除剂：多为表面活性剂，依靠吸收水分在绝缘体的表面形成一层薄薄的导电层，像导体一样，将静电荷完全导走，达到防静电的效果。

（5）采用静电屏蔽：在储存和运输时采用，把产品放在屏蔽容器内，防止静电场的干

扰和影响，在容器内活动时，也不会产生静电荷。

3）导体消除静电方法

（1）机器装置除电：使机器接地就可简单除电。

（2）工作台除电：使用防静电垫，并且导电垫接地。

4）人体静电防护方法

在工业生产中，引起元器件损坏和对电子设备的正常运行产生干扰的一个主要原因是人体静电释放。人体静电释放既可能造成人体遭电击而降低工作效率，又可能引发元器件的损坏。一般情况下，几千伏的静电电压不易被人体感知，人体能感觉到静电电击时的静电电压一般为 3～4 kV，5 kV 以上静电电压才能看到静电放电火花，此时一般的元器件可能早已损坏，因此人体静电应引起足够重视。预防人体静电防护方法如下。

（1）穿戴防静电服、防静电帽，一是可以防止衣服产生静电场，二是通过与身体的接触，将静电通过人体—手腕带—防静电鞋泄放到大地。

（2）防静电手腕带的佩戴，使用通过安全性检查的手腕带，将长度适当的松紧圈直接佩戴在手腕上，并与皮肤良好接触，接触集成电路或已贴装集成电路的印制电路板时将鳄鱼夹夹持在接地良好的接地端，鳄鱼夹、接地线等裸露部分不得与设备、线体、工作台等金属件接触。在佩戴防静电手腕带时，不允许将手腕带缠绕在手腕上，而不将其接地；不允许将手腕带佩戴在衣服袖口上或将其藏在防静电工作服的松紧袖口内；不允许将鳄鱼夹直接夹持在设备、线体外壳上或非专用静电接地端的其他点上；每天操作前要测量腕带是否有效。

5）ESD 标志

在 SMT 生产环境中有明显的静电防护标识，如 1-11 所示，图 1-11（a）表示容易受到静电释放损害的电子设备或组件。图 1-11（b）表示 ESD 敏感组件和设备提供防护的器具。

（a）　　　　　　　　（b）

图 1-11　静电防护标志

6）静电防护工艺规范指导书

SMT 生产防静电工艺管理规范如表 1-3 所示。

表 1-3　SMT 生产防静电工艺管理规范

文件名称	SMT 生产现场防静电工艺管理规范	版次		制（修）订日期	年　月　日
文件编号		页次		生效日期	年　月　日
1. 防静电区域 以下区域被列为防静电区域。防静电区域必须悬挂或粘贴防静电警示标志。					

（1）IQC 检验区域；

（2）单板生产及检验区域（含 SMT、单板焊接、软件生产、调试、老化等作业区域）、部件装配及检验区域；

（3）整机调试及检验区域；

（4）维修区域；

（5）理货、包装区域；

（6）仓库、暂存区域；

（7）无尘室。

2．防静电设施和器材

（1）生产现场防静电区域至少应配备以下防静电设施和器材；

（2）防静电接地系统（含防静电母线、支线、防静电地板或地垫等）；

（3）防静电工作台（含台垫、防静电接地支线等）、工作椅；

（4）防静电工作服（含工作帽）；

（5）防静电护腕；

（6）防静电工作鞋；

（7）防静电周转箱、周转车；

（8）防静电包装袋。

3．防静电操作规程

（1）接触 ESD 及组件之前应戴好防静电腕带，保证腕带与皮肤接触良好，并接入防静电地线系统。在戴腕带的皮肤上不得涂护肤油、防冻油等油性物质；

（2）所有接触 ESD 及组件的设备和工具（如被测整机、测试设备、装置和夹具、波峰焊机、电烙铁、周转车等）都必须可靠连接防静电地线；

（3）所有 ESD 及组件在其储存、转运过程中均必须采用合适的静电防护措施，使用防静电包装材料和容器、周转车，周转车必须可靠接地。拒绝接受不符合防静电包装要求的 ESD 及组件；

（4）IC 类 ESD 必须盛放在专用防静电容器（如管、座）中，严禁将 IC 类 ESD 插放在泡沫上和装在不具备防静电功能的容器和包装袋中。按需逐一取用，不得一次倒出一堆 ESD 散乱地放在工作台上；

（5）ESD 及组件的配料、发料、转存过程，必须在防静电容器中进行；

（6）对于未采取防静电措施的零部件（如紧固件、电缆等），应先消除静电（导体部分接触一下防静电地线），再进入防静电工作区；

（7）手持 ESD 及组件时应避免接触其导电部位，操作过程中应尽量减少对 ESD 及组件的接触次数；

（8）已装焊元件的 PCB 板原则上不得裸露叠放，确需叠放时必须用防静电材料隔离；

（9）清洗 ESD 及组件时，应用中性清洗剂或酒精清洗；手工清洗需要使用防静电毛刷；用清洗机清洗时，PCB 板应放在金属网架上，不得悬浮在清洗箱内；

（10）插拔单板之前必须切断电源，严禁带电插拔单板（有特殊操作说明者除外）。

4．防静电安全管理

1）作业人员

接触 ESD（静电敏感器件）及组件的作业人员必须通过防静电知识和上岗培训，未经培训和未通过考核的人员不允许从事接触 ESD 及组件的岗位工作。

2）工作服

（1）所有人员进入防静电区域必须穿戴防静电工作服和防静电工作鞋，已配发工作帽的必须佩戴好工作帽。无防静电工作鞋的，必须穿防静电鞋套。严谨穿戴不具备防静电功能的塑料防尘鞋套进入防静电区域；

续表

（2）工作服外部严禁携带除工卡和笔之外的金属对象，防静电鞋内不得垫鞋垫；

（3）更换工作服应在指定地点进行，不允许在工作现场更换工作服。

3）防静电腕带

（1）所有作业人员每天上岗前必须使用腕带测试仪对所配发的腕带进行测试，并做好测试记录；

（2）车间主任和工段长在上班后 10min 内对测试记录进行核查，发现问题会同工艺、品质人员参照有关规定及时作出处理；

（3）各车间和工段应划定专门区域装置防静电腕带测试仪和贴挂测试记录表，供本部门员工及外来人员使用。非常驻外来人员测试后可不用填写记录表。常驻外来人员必须填写测试记录。非常驻外来人员是指因指导、协作生产等工作需要进入现场区域，持续时间不超过半个工作日的非部门人员；

（4）防静电腕带测试未通过者，不得进入防静电区域，更不得接触 ESD 及组件，必须立即到部门更换或接待部门借用合格的防静电腕带；

（5）腕带测试仪必须定期检定，具体办法参照公司关于仪器检定的有关规定执行；

4）人体综合电阻测试

（1）所有作业人员每天上岗前必须使用人体综合电阻测试仪测试自身人体的综合电阻，并做好记录；

（2）人体综合电阻测试未通过者，不得进入防静电区域，更不得接触 ESD 及组件，必须立即查找原因并作出相应处理，直至合格为止；

（3）人体综合电阻测试仪必须定期检定，具体办法参照公司关于仪器检定的有关规定执行。

5）其他

（1）外来参观人员原则上只能沿通道行走，未采取有效的防静电措施之前不得进入防静电区域地标线内，严禁靠近作业人员和接触含有 ESD 的单板和其他制品；

（2）作业人员对使用的防静电容器、防静电周转箱应定期清洁，每月应对防静电桌垫、工具和容器等用中性清洗剂进行清洗；

（3）防静电地线系统的连接由使用部门提出、工艺部门核准、动力科负责安装并协助工艺部门进行日常维修

编制人		审核人		批准人	

1.3.3　5S 管理

5S 现场管理方法起源于 20 世纪末的日本企业，是日本企业一种独特的管理方法。日本企业将 5S 作为工厂管理的基础，进而推行各种质量管理手段。他们在追求效率的过程中，从基础做起，首先在生产场所中将人员、机器、材料、方法等生产要素进行有效的管理，针对企业中每位员工的日常行为提出要求，倡导从小事做起，力求使每位员工都养成良好的操作习惯，从而达到提高整体工作质量的目的。

1. 5S 管理内涵

所谓 5S，指的是整理（SEIRI）、整顿（SEITON）、清扫（SEITO）、清洁（SEIKETSU）、素养（SHITSUKE）这五项，统称为"5S"。

1）整理

在工作场所，区分要与不要的东西，保留需要的东西，撤除不需要的东西。把要与不要的人、事、物分开，再将不要的人、事、物加以处理，这是开始改善生产现场的第一步。其要点是对生产现场摆放和滞留的各种物品进行分类，区分什么是现场需要的，什么

是现场不需要的；对于现场不需要的物品，如用剩下的材料、多余的半成品、切下的料头、切屑、垃圾、废品、多余的工具、报废的设备、工人的个人生活用品等，要坚决清理出生产现场，这项工作的重点在于坚决把现场不需要的东西清理掉，对于车间里各个工位或设备的前后、通道左右、厂房上下、工具箱内外及车间各个死角，都要彻底搜寻和清理，达到现场无不用之物。坚决做好这一步，是树立良好作风的开始。

2）整顿

把需要的人、事、物加以定量、定位。通过上一步的整理后，对生产现场需要留下的物品进行科学合理的布置和摆放，以便用最快的速度取得所需之物，在最有效的规章制度和最简洁的流程下完成作业。

3）清扫

将不需要的东西加以排除、丢弃，以保持工作场所无垃圾、无污染的状态。把工作场所打扫干净，设备异常时马上修理，使之恢复正常。生产现场在生产过程中会产生灰尘、油污、铁屑、垃圾等，从而使现场变脏。脏的现场会使设备精度降低、故障多发，影响产品质量，使安全事故防不胜防；脏的现场更会影响人们的工作情绪，使人不愿久留。因此，必须通过清扫活动来清除脏物，创建一个明快、舒畅的工作环境。

清扫活动的要点如下：自己使用的物品，如设备、工具等，要自己清扫，而不要依赖他人，不增加专门的清扫工。对设备的清扫，着眼于对设备的维护保养。清扫设备要同设备的点检结合起来，清扫即点检，清扫设备要同时做设备的润滑工作，清扫也是保养。清扫也是为了改善。当清扫地面发现有废屑和油水泄漏时，要查明原因，并采取措施加以改进。

4）清洁

维持清扫过后的厂区及环境的整洁美观。整理、整顿、清扫之后要认真维护，使现场保持完美和最佳状态。清洁是对前三项活动的坚持和深入，从而消除发生安全事故的根源，创造一个良好的工作环境，使职工能愉快地工作。

5）素养

让每位员工都养成好习惯，并且遵守各项规章制度，营造团体精神。素养即努力提高人员的修养，养成严格遵守规章制度的习惯和作风，这是 5S 管理的核心。没有人员素质的提高，各项活动就不能顺利开展，各项工作任务就不能顺利完成，所有开展的 5S 管理，要始终着眼于提高人员的素质。规范现场、现物，营造良好的工作环境，培养员工良好的工作习惯，其最终目的是提升人员的品质；革除马虎之心，养成凡事认真的习惯；遵守规定的制度、自觉维护工作环境、养成文明礼貌的习惯。

2. 5S 管理原则

1）自我管理的原则

良好的工作环境，不能单靠添置设备，也不能指望别人来创造，应当充分依靠现场人员，自己动手来创造一个整齐、清洁、安全的工作环境，使他们在改革客观事件的同时，也改造自己的主观世界，养成现代化生产所要求的遵纪守法，严格要求的风气和习惯。

2）勤俭节约的原则

开展 5S 管理，会从生产现场清理出很多无用之物，其中有的只是在现场无用，但可用于其他的地方；有的虽然是废品，但应本着废物利用，变废为宝的精神，该利用的应千方百计地利用，需要报废的也应该按报废手续办理并收回其"残值"，千万不可只图一时处理的痛快，不分青红皂白地当作垃圾一扔了之。

3）持之以恒的原则

5S 管理开展起来比较容易，可以搞得轰轰烈烈，在短时间内取得明显的效果，但要坚持下去，持之以恒，不断优化就不太容易，不少企业发生过"一紧，二松，三垮台，四重来"的现象。因此，开展 5S 管理，贵在坚持。首先，企业要将 5S 管理纳入岗位责任制，使每一个部门、每一个人员都有明确的岗位责任和工作标准；其次，要严格认真做好检查、评比和考核工作，将考核结果与各部门和每个人的经济利益挂钩；最后，要通过检查，不断发现问题，针对问题，要提出改进和解决问题措施，不断提高管理质量，使得 5S 管理活动持续不断地开展下去。

3. 5S 管理作业规范

5S 管理作业规范如表 1-4 所示。

表 1-4　5S 管理作业规范

文件名称	5S 管理作业规范	版次		制（修）定日期	年	月	日
文件编号		页次		生效日期	年	月	日

1. 定置管理

（1）基本标准：清晰、明确；

（2）操作要点：最大限度地实现定置，尽量避免可能引起现场混乱的模糊定置，定置区域有必要标识；参观通道两侧所有对象不得压定置线，建议离定置标线内侧 1 cm 以上放置；未经 IE 部门许可，不得擅自更改定置标线；确需更改时，由现场工艺人员或主管提出申请，经职责部门同意后协助实施；定置标线如有破损，由指定区域责任人负责修补。

2. 参观通道与公用通道

（1）基本标准：畅通、洁净；

（2）操作要点：保持参观通道、公用通道和消防安全专用通道完全畅通，任何时候不得占用。

3. 作业场所

（1）基本标准：区域标识明确，产品排列整齐，作业有序，场地整洁；

（2）操作要点：不同功用的区域有明确标识；工作台或工位有必要的有效（最新版本）作业指导书，指导书摆放位置适当；作业场所不得出现与工作无关的物品；作业场地及时清理，不遗留杂物和污渍。

4. 设备、仪器、工具

（1）基本标准：标识清晰，摆放整齐，保养良好，有必要的操作指导书；

（2）操作要点：设备一经定置，不得擅自移动；设备、仪器保养良好，线缆绑扎整齐，有当前状态标识，配备必要的操作指导书或标明注意事项；损旧设备或工具应及时维修或清理回收，不得随意丢弃。

5. 物料

（1）基本标准：摆放整齐、安全，取用方便，标识清晰；

（2）操作要点：不同物料分开放置和清晰标识，标识牌（卡）放在显眼位置，其正面一致朝取用方向，标签则一致向外；堆放物料应遵循上轻下重、上小下大的"低重心"原则，摆放整齐，并控制在物料承压强度允许范围之内，库房一般物料堆码高度不得超过 1.8 m，大件物料堆码高度不得超过 2 m；生产现场最大堆码高度不得超过 1.5 m，大件物料堆码高度不得超过 2 m，直立高度大于 2 m 的机柜须采取放倒措施；参观通道两侧双层货架顶面不得放置任何物品，其余双层货架物料离地高度不得超过 1.6 m，三层货架物料离地高度不得超过 2.5 m。

（3）可回收物料应定置存放整齐，并及时清理。

6．人员素养

（1）基本标准：仪容整洁，遵守公司规章制度；

（2）操作要点：仪容整洁，工作服干净，衣扣完整、扣紧，正确佩戴身份卡；文明、安全作业，严格遵守制度。

编制人		审核人		批准人	

1.4 SMT 生产物料准备

SMT 生产中使用的物料主要包括表面组装元器件和表面组装印制电路板，要熟悉表面组装元器件的名称、外形、尺寸和标注，能够理解表面组装印制电路板的基本特性、设计原则及检测方法。

1.4.1 表面组装元器件的特点与分类

表面组装元器件是指外形为矩形片状、圆柱形或异形，其焊端或引脚制作在同一平面内并适合采用表面组装工艺的电子元器件。人们通常把表面组装无源器件（SMC），如片式电阻器、电容器和电感器，而将小外形晶体管和集成电路等称为表面组装有源器件（SMD）。表面组装元器件与传统的插装元器件在功能上是基本相同的，但在体积、重量、高频特性、耐振动性等方面是传统插装元器件无法比拟的。表面组装元器件的出现极大地推动了电子产品向多功能、高性能、微型化、低成本的方向发展。目前，表面组装元器件已广泛应用于计算机、通信设备和医疗电子产品和消费电子产品等领域。

1. 表面组装元器件特点

（1）表面组装元器件的焊端上没有引线，或者只有非常短的引线。引脚间距比传统的插装集成电路的引线间距（2.54 mm）小很多，目前引脚中心距最小的已达到 0.3 mm。在集成度相同的情况下，表面组装元器件的体积比传统的插装元器件小很多。

（2）表面组装元器件直接贴装在印制电路板表面，将电极焊接在元器件同一面的焊盘上，使印制电路板的布线密度大大提高。

（3）表面组装元器件无引线或短引线，减少了寄生电容和寄生电感，从而改善了高频特性，有利于提高电路使用频率。

（4）表面组装元器件一般都紧紧贴在基板表面上，元器件与印制电路板表面非常贴近，基板上的空隙相当小，给清洗造成困难，

（5）由于大部分表面组装元器件体积小，组装集成度高，这就带来散热问题，给印制电路板设计和制造增加了困难。

2. 表面组装元器件分类

从结构形状上说，表面组装元器件可分为薄片矩形、圆柱形、扁平形等。从功能上可分为表面组装无源器件、表面组装有源器件和机电器件三类，如表 1-5 所示。

表 1-5　表面组装元器件按功能分类

类　别	器　件	种　类
表面组装无源器件（SMC）	电阻器	厚膜电阻、薄膜电阻、排阻、电位器等
	电容器	陶瓷电容、钽电容、电解电容、云母电容等
	电感器	多层电感、绕线电感、片式电压器、磁珠等
表面组装有源器件（SMD）	半导体分立器件	二极管、晶体管、晶体振荡器等
	集成电路	片式集成电路、大规模集成电路等
机电器件	开关、继电器	纽子开关、轻触开关、簧片继电器等
	连接器	接插件连接器、片式或圆柱形跨接线等
	微电机	微型电机等

3. 表面组装元器件封装命名方法

（1）表面组装元件的封装命名。表面组装元器件 SMC 是以元件的外形尺寸长宽来命名的。现有两种表示方法，英制系列和公制系列，欧美产品大多采用英制系列，日系产品大多采用公制系列，我国这两种系列均可以使用。但是不管哪种系列，系列型号的前两位数字表示元件的长度，后两位数字表示元件的宽度。例如，公制系列 3216 的矩形片状电阻，表示长为 3.2 mm，宽为 1.6 mm，其对应的英制系列为 1206，表示长为 0.12 in，宽为 0.06 in。典型的 SMC 系列的外形尺寸的公英制对照表如表 1-6 所示。

表 1-6　典型 SMC 系列的外形尺寸公英制对照表

公制（mm）	英制（in）	公制（mm）	英制（in）
0402	01005	2520	1008
0603	0201	3216	1206
1005	0402	3225	1210
1608	0603	4532	1812
2012	0805	5750	2220

（2）表面组装器件的封装命名。表面组装器件 SMD 是以器件的外形命名，主要包括半导体分立器件和集成电路 IC 器件。半导体分立器件的封装形式分为 MELF 和 SOT 两种，集成电路 IC 器件有 SOP、SOJ、PLCC、QFP、BGA、CSP、PQFN 等。常见 SMD 封装中英文名称及外形如表 1-7 所示。

表 1-7　表面组装器件封装形式中英文名称

SMD 类型	SMD 名称	
	中文名称	英文名称
半导体分立器件	小外形二极管	SOD (Small Outline Diode)
集成电路 IC 器件	小外形晶体管	SOT(Small Outline Transistor)
	小外形封装器件	SOP(Small Outline Package)
	小外形 J 型引脚封装	SOJ(Small outline J-lead Package)
	塑料有引线芯片载体	PLCC(Plastic Leaded Chip Carrier)
	无引脚陶瓷芯片载体	LCCC(Leadless Ceramic Chip Carrier)
	方形扁平封装	QFP （Quard Flat Package)
	球形栅格阵列	BGA(Ball Grid Array)
	芯片尺寸级封装	CSP(Chip Scale Package)
	塑封方形扁平无引脚封装	PQFN(Plastic Quard No Lead)

1.4.2　表面组装电阻器

电阻器通常称为电阻，在电路中起分压、分流和限流作用，是一种应用非常广泛的电子元件。表面组装电阻器是表面组装元器件中应用最为广泛的元件之一，表面组装电阻器最初为矩形片状，20 世纪 80 年代初出现了圆柱形。随着表面组装器件和机电元件等向集成化、多功能化方向发展，又出现了电阻网络、阻容混合网络、混合集成电路等短小、扁平引脚的复合元器件。与分立元器件相比，它具有微型化、无引脚、尺寸标准化等特点。

1. 矩形片式电阻器

（1）矩形片式电阻器结构。矩形片式电阻器结构及外形尺寸如图 1-12 所示。片式电阻器一般采用厚膜工艺制作，即在高纯度氧化铝（Al_2O_3）基板上网印二氧化钌（RuO_2）电阻浆来制作电阻膜，改变电阻浆的成分或配比，就能得到不同的电阻值，也可以用激光在电阻膜上刻槽微调电阻值，然后再印制玻璃浆覆盖电阻膜，并烧结成釉保护层，最后把基片两端做成焊端。厚膜型（RN 型）电阻器精度高、温度系数小、稳定性好，但阻值范围较窄，适用于精密和高频领域，是目前表面组装技术中应用最广泛的元件之一。

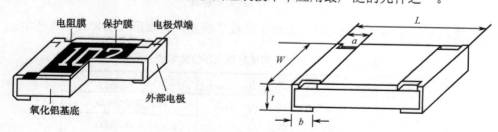

图 1-12　矩形片式电阻器结构及外形尺寸

（2）外形尺寸。表面组装电阻器常用外形尺寸的长度和宽度来命名，通常有公制（mm）和英制（in）两种表示方法，公制与英制转换公式为：

$$1\ in = 25.4\ mm$$

例如，英制 0805 表示法转换为公制表示法为：

$$元件长度=25.4×0.08=2.032≈2.0 \text{ mm}$$
$$元件宽度=25.4×0.05=1.27≈1.2 \text{ mm}$$

所以，英制 0805 表示法转换为公制表示法为 2012。

片式电阻器常见外形尺寸如表 1-8 所示。

表 1-8   片式电阻器外形尺寸

公制/英制型号	L	M	a	b	t
3216/1206	3.2/0.12	1.6/0.06	0.5/0.2	0.5/0.2	0.6/0.024
2012/0805	2.0/0.08	1.2/0.05	0.4/0.016	0.4/0.016	0.6/0.016
1608/0603	1.6/0.06	0.8/0.03	0.3/0.012	0.3/0.012	0.45/0.018
1005/0402	1.0/0.04	0.5/0.02	0.2/0.08	0.2/0.08	0.35/0.014
0603/0201	0.6/0.02	0.3/0.01	0.2/0.005	0.2/0.005	0.25/0.01

（3）标称数值的标注。常见片式电阻器在元件本体上有数字和字母，由于 0402 和 0201 的元件尺寸比较小，元件本体上没有标称数值，其读数可以通过包装料盘上的标注读出。通常有两种方法来识别电阻器上的标注。

① 电阻器上的标注：电阻器的标称值一般以数字的形式标注在电阻器的本体上，如图 1-13 所示。

图 1-13   电阻器上的标注

当片式电阻器阻值精度为±5%时，采用 3 位数字表示，其表示方法如表 1-9 所示。

表 1-9   片式电阻器阻值范围（3 位数字表示）

阻值范围	标注方法	举例
$R≥10 \text{ Ω}$	前 2 位数字表示有效数字，最后 1 位数字为加零的个数	101 表示 100 Ω
		562 表示 5.6 kΩ
$R<10 \text{ Ω}$	小数点的位置在 R 处	4R7 表示 4.7 Ω
		1R0 表示 1.0 Ω

当片式电阻器阻值精度为±1%时，采用 4 位数字表示，其表示方法如表 1-10 所示。

表 1-10　片式电阻器阻值范围（4 位数字表示）

阻值范围	标注方法	举例
$R \geqslant 100\,\Omega$	前 3 位数字表示有效数字，最后 1 位数字为加零的个数	1001 表示 1 000 Ω
		2003 表示 200 kΩ
$R < 100\,\Omega$	小数点的位置在 R 处	28R7 表示 28.7 Ω
		10R0 表示 10.0 Ω

②　包装料盘上的标注：在包装料盘上，通常采用一组数字及符号来表示电阻的相关信息，但不同的生产企业略有不同。下面以风华高新科技有限公司为例来说明矩形片式电阻器的标注识别方法，如图 1-14 所示。

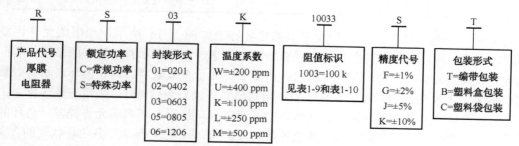

图 1-14　风华公司矩形片式电阻器料盘上标注

2.　圆柱形片式电阻器

圆柱形片式电阻器，即金属电极无引脚端面型（Metal Electrode Leadless Face，MELF）电阻器。它的结构形状和制造方法基本上与带引脚电阻器相同，只是去掉了原来电阻器的轴向引脚，做成无引脚形式。与矩形片式电阻器相比，MELF 电阻器无方向性和正反面性，包装使用方便，装配密度高，固定到 PCB 上有较高的抗弯曲能力，特别是噪声电平和 3 次谐波失真都比较低，常用于高档音响电器产品中。

（1）圆柱形片式电阻器结构。圆柱形片式电阻器采用薄膜工艺制成。在高纯度陶瓷基柱表面溅射镍铬合金膜或碳膜，在膜上刻槽调整电阻值，两端压上金属焊端，再涂敷耐热漆形成保护膜，并印上色环标志。MELF 电阻主要有碳膜 ERD 型、金属膜 ERO 型及跨接用的 0 Ω电阻器三种。MELF 吸取了现代制造技术的优点，因而其成本稍低于矩形片式电阻器。

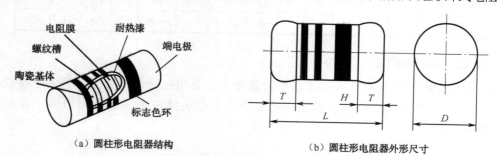

（a）圆柱形电阻器结构　　　　　　　　（b）圆柱形电阻器外形尺寸

图 1-15　圆柱形电阻器结构及外形尺寸

（2）外形尺寸。圆柱形电阻器的外形尺寸如图 1-15 所示，具体尺寸如表 1-11 所示。

表 1-11　圆柱形电阻器外形尺寸

常见型号	碳膜电阻	—	RDM73S RDM73P	—	RDM74S RDM74P	—	—
	金属膜电阻	RJM72P	RJM73S RJM73P	RJM74S RJM74P	RJM16M	RJM17M	RJM18M
	玻璃釉膜电阻	RGM72	RGM73	RGM74	RGM16M	RGM17M	RGM18M
尺　寸	L(±0.2)/mm	2.2	3.5	5.5	5.9	8.6	11.6
	H(±0.2)/mm	1.0	1.6	3.5	3.9	6.2	8.8
	D(±0.2)/mm	1.3	1.3	2.1	2.1	3.1	3.6
	T(±0.2)/mm	0.4	0.8	1.0	1.2	1.5	1.6

（3）标记识别及读数。圆柱形电阻器的色环标志如图 1-16 所示。当阻值允许误差为±5%时，采用三色环标志：前面 2 环表示有效数字，第 3 色环表示有效数字的幂级倍率；当阻值允许误差为±2%时，采用四色环标志：前面 2 环表示有效数字，第 3 色环表示有效数字的幂级倍率，第 4 色环表示阻值允许偏差；当阻值允许误差为±1%时，采用五色环标志：前 3 环表示有效数字，第 4 色环表示有效数字的幂级倍率，最后 1 环表示允许偏差。色环的第一条靠近电阻器的一端，最后一条比其他各条宽 1.5～2 倍，色环标志中各色环代表的含义如表 1-12 所示。

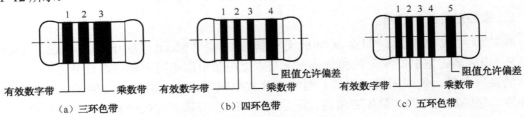

图 1-16　圆柱形电阻器的色环标志

表 1-12　圆柱形电阻器色环代表的含义

颜色	黑	棕	红	橙	黄	绿	蓝	紫	灰	白	金	银	无色
有效数字	0	1	2	3	4	5	6	7	8	9	—	—	
幂级倍率	10^0	10^1	10^2	10^3	10^4	10^5	10^6	10^7	10^8	10^9	10^{-1}	10^{-2}	
允许误差（%）		±1	±2	—	—	±0.5	±0.25	±0.1	±0.05		±5	±10	±20

3. 表面组装电阻网络

表面组装电阻网络又称集成电阻器或电阻排，它是指在一块基片上，将多个参数和性能一致的电阻，按预定的配置要求连接后置于一个组装体内形成的电阻网络，具有体积小、质量轻、可靠性高、可焊性好等特点。

1）分类

表面组装电阻网络按电阻膜特性分为厚膜型和薄膜型，其中厚膜型电阻网络应用最为广泛，薄膜电阻网络只在要求高频、精密的情况下使用。表面组装电阻网络按结构特性可分为小型扁平封装（SOP）型，芯片功率型、芯片载体型和芯片阵列型四种，它们各自的结构和特征如表 1-13 所示。

表 1-13 表面组装电阻网络的结构与特征

类　　型	结　　构	特　　征
SOP 型	外引出端正与 SOIC 相同，模塑封装，厚膜或薄膜电阻	可以高密度组装
芯片功率型	氧化钽厚膜或薄膜电阻	功率越大，外形也越大，适用于专用电路
芯片载体型	电阻芯片贴于载体基板上，基板侧面四周电极均匀分布	可作为小型、薄型、高密度电路
芯片阵列型	电阻芯片以阵列排列，在基板两侧有电极	可作为小型、简单的电阻网络

（1）SOP 型电阻网络是将电阻元件用厚膜方法或薄膜方法制作在氧化铝基板上，将内部连接与外引出端焊接后，模塑封装而制成的，引脚间距为 1.27 mm。SOP 电阻网络在耐湿性和机械强度等方面具有突出的优点。

（2）芯片功率型电阻网络采用氧化钽薄膜或厚膜电阻器，并在电路表面覆盖低熔点玻璃膜，这种电阻网络的特点是电路功率较大、尺寸较大、精度高、适用于功率电路。

（3）芯片载体型电阻网络是在硅基片上制作薄膜微片电阻网络，再通过粘贴或低温焊接的方法贴装在陶瓷基板上，并用连接线将芯片上的焊区和基板上的焊区焊接起来。基板的四个侧面都印烧上电极，并镀上 Ni-Sn 层，这类电阻网络具有小而薄的特点，可高速贴装。

（4）芯片阵列型电阻网络可视为矩形片式电阻的阵列化，如图 1-17 所示。它将多个电阻按阵列形式制作在一块氧化铝陶瓷基片上，因此，其结构、用材及各种性能与矩形片式电阻器相似。芯片阵列型电阻网络在基板两侧印烧电极并电镀 Ni-Sn 层。

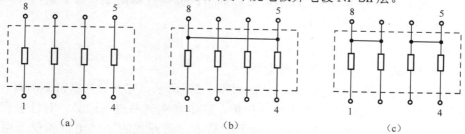

图 1-17 芯片阵列型电阻网络电路

2）外形尺寸

SOP 型电阻网络的外形尺寸如图 1-18 所示，具体尺寸如表 1-14 所示。

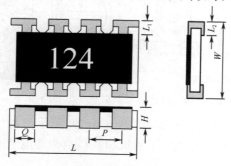

图 1-18 SOP 型电阻网络的外形尺寸

表 1-14　SOP 型电阻网络外形尺寸

L(mm)	W(mm)	H(mm)	P(mm)	Q(mm)	L₁(mm)	L₂(mm)
1.00±0.10	1.00±0.10	0.35±0.10	0.65±0.05	0.35±0.10	0.15±0.05	0.25±0.10
2.00±0.10	1.00±0.10	0.45±0.10	0.50±0.05	0.20±0.15	0.15±0.05	0.25±0.10
3.20±0.15	1.60±0.15	0.50±0.10	0.80±0.10	0.50±0.15	0.30±0.20	0.30±0.15
5.08±0.20	3.10±0.20	0.60±0.10	1.27±0.10	1.10±0.15	0.50±0.20	0.50±0.15

3）标志识别

表面组装电阻网络标志的识别方法如图 1-19 所示。

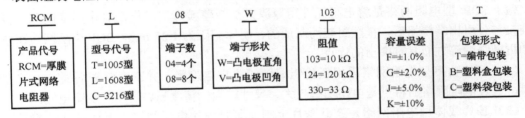

图 1-19　表面组装电阻网络标志识别方法

4．表面组装电位器

表面组装电位器又称片式电位器，包括片状、圆柱状、扁平矩形结构等各类电位器。它在电路中起调节电压和电流的作用，故分别称为分压式电位器和可变电阻器。严格地说，可变电阻器是一种两端器件，其阻值可以调节；而电位器则是一种三端器件，它是利用抽头部分来对固定阻值进行调节。

1）分类

按其结构的不同，可分为以下几种类型。

（1）敞开式结构。敞开式电位器的结构如图 1-20 所示。它又分为直接驱动簧片结构和绝缘轴驱动簧片结构。这种电位器无外壳保护，灰尘和潮气易进入产品，对性能有一定影响，但价格低廉，因此，常用于消费类电子产品中。敞开式的平状电位器仅适用于焊锡膏—回流焊工艺，不适用于贴片胶—波峰焊工艺。

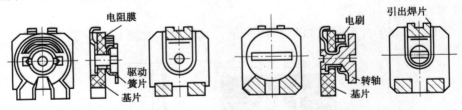

（a）直接驱动簧片结构　　　　　　　　（b）绝缘轴驱动簧片结构

图 1-20　敞开式表面组装电位器结构图

（2）防尘式结构。防尘式电位器的结构如图 1-21 所示，有外壳或护罩，灰尘和潮气不易进入产品，性能好，多用于投资类电子整机和高档消费类电子产品中。

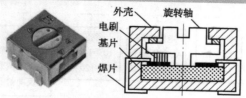

图 1-21　防尘式表面组装电位器及结构图

（3）微调式结构。微调式电位器的结构如图 1-22 所示，属精细调节型，性能好，但价格昂贵，多用于投资类电子整机中。

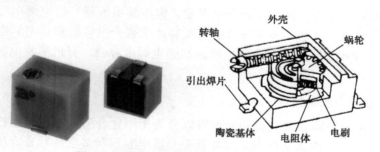

图 1-22　微调式表面组装电位器及结构图

（4）全密封式结构。全密封式结构的电位器有圆柱形和扁平矩形两种形式，具有调节方便、可靠、寿命长的特点。圆柱形全密封式电位器的结构如图 1-23 所示，它又分为顶调和侧调两种。

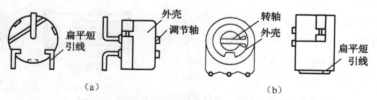

图 1-23　全密封式表面组装电位器结构图

2）外形尺寸

常见微调电位器的外形尺寸及对应焊盘的尺寸如图 1-24 所示。

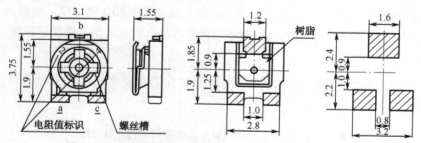

图 1-24　常见微调电位器的外形尺寸及对应焊盘的尺寸

3）标志识别

表面组装微调电位器标志的识别方法如图 1-25 所示。

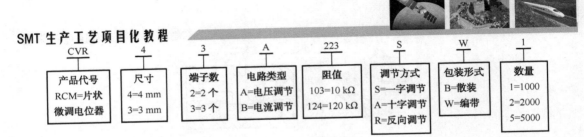

图 1-25　表面组装微调电位器标志的识别方法

1.4.3　表面组装电容器

表面组装电容器主要包括片状瓷介电容器、钽电解电容器、铝电解电容器、有机薄膜电容器和云母电容器。目前，使用较多的主要有片状瓷介电容器和钽电解电容器两种，其中瓷介电容器占 80%，其次是钽电解电容器和铝电解电容器，有机薄膜电容器和云母电容器使用较少。

1. 多层片状瓷介质电容器

片状瓷介质电容器根据其结构和外形可以分为矩形瓷介质电容器和圆柱形瓷介质电容器。其中矩形瓷介质电容器又分为单层片状瓷介质电容器和多层片状瓷介质电容器。多层片状瓷介质电容器（Multilayer Ceramic Capacitor，MLCC），有时也称为独石电容器。

1）结构

片式瓷介质电容器以陶瓷材料为电容介质。它是由介质和电极材料交替叠层，并在 1 000～1 400 ℃下烘烧而成的。介质层一般为钛酸钡，而电极是铂—钯—银厚膜。MLCC 是在单层片状电容器的基础上制成的，电极深入电容器内部，并与陶瓷介质相互交错。电极的两端露在外面，并与两端的焊端相连。MLCC

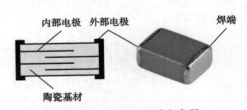

图 1-26　多层瓷介质电容器

通常是无引脚矩形结构，外层电极与片式电阻相同，也是 3 层结构，即 Ag-Ni/Cd-Sn/Pb，其外形和结构如图 1-26 所示。

MLCC 的特点包括短小、轻、薄；因无引脚，寄生电感小，等效串联电阻低，电路损耗小。不仅电路的高频特性好，而且有助于提高电路的应用频率和传输速度。电极与介质材料共烧结，耐潮性好、结构牢固、可靠性高，对环境温度等具有优良的稳定性和可靠性。

2）分类

多层片状瓷介质电容器按用途分为Ⅰ类陶瓷和Ⅱ类陶瓷两类，各类电容器的特点及用途如表 1-15 所示。

表 1-15　各类多层片状瓷介质电容器的特点及用途

介质名称	COG/NPO	X7R	Z5V
国产型号	CC41	CT41-2X1	CT41-2E6
美国	Ⅰ类陶瓷	Ⅱ类陶瓷	

续表

日本	CH 系列	B 系列	F 系列
特点	低损耗电容材料，高稳定性电容量，不随温度、电压和时间的变化而改变	电气性能稳定，随温度、电压、时间的变化，其特性变化不显著，属稳定性电容	具有较高的介电常数，电容量较高，属低频通用型
用途	用于稳定性、可靠性要求较高的高频、特高频、甚高频电路	用于隔直、耦合、旁路、滤波，可靠性较高的高频电路	用于对电容损耗要求偏低，标称容量较高的电路

3）尺寸大小

MLCC 的外形标准与片状电阻大致相同，仍然采用长度和宽度表示，表 1-16 列出常见的多层片状瓷介质电容器的外形尺寸。

表 1-16　常见的多层片状瓷介质电容器的外形尺寸

电容编号	尺寸（mm）			
	长（L）	宽（W）	高（H）	端头宽度（T）
C0805	1.8～2.2	1.0～1.4	1.3	0.3～0.6
C1206	3.0～3.4	1.4～1.8	1.5	0.4～0.7
C1210	3.0～3.4	2.3～2.7	1.7	0.4～0.7

4）标志识别

多层片式瓷介质电容器上通常不作任何标志，相关参数标记在料盘上，下面以风华高科公司的标志介绍多层片式瓷介质电容器的标志识别方法，如图 1-27 所示。

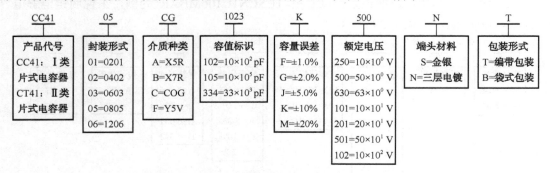

图 1-27　多层片式瓷介质电容器的标志识别方法

2. 钽电解电容器

表面组装钽电解电容以金属钽作为电容介质，可靠性高。钽电解电容器具有最大的单位体积容量，因而容量超过 0.33 μF 通常要使用钽电解电容器。钽电解电容器的电解质响应速度快，故常用在需要高速运算处理的大规模集成电路中。此外，钽电解电容器具有比较小的物理尺寸，还可应用于小信号、低电压电路。按照外形结构，钽电解电容器可以分为片式矩形和圆柱形两种。

1）片式矩形固体钽电解电容器

片式矩形固体钽电解电容器采用高纯度的钽粉末与黏结剂混合，埋入钽引脚后，在 1 800～2 000 ℃的真空炉中烧结成多孔性的烧结体作为阳极。用硝酸锰热解反应，在烧结体表面形成固体电解质的二氧化锰作为阴极，经过石墨层、导电涂料层涂敷后，进行阴、阳极引出线的连接，然后，用模塑封装成型。图 1-28 所示为钽电解电容器实物与结构示意图。

按封装形式的不同，片式矩形钽电容器分为裸片型、模塑封装型和端帽型三种不同类型。裸片型即是无封装外壳、尺寸小、成本低、形状无规则，一般用于手工贴装。模塑型即是常见的矩形钽电解电容器，多数为浅黄色塑料封装，成本低、尺寸较大、对机械性能影响较大，可用于自动化生产中，广泛应用于通信类电子产品中。对于模塑封装型钽电解电容器靠近深色标记线一端为正极。端帽型也称为树脂封装型，主体为黑色，两端有金属帽电极，体积中等，成本较高，高频特性好，机械强度高，适用于自动化贴装，常用于投资类电子产品中。对于端帽型钽电解电容器来讲，靠近白色标记线的一端为正极。

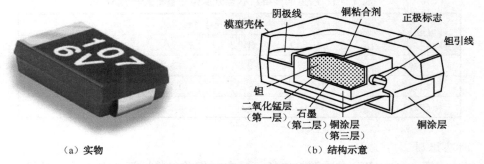

（a）实物　　　　　　　　　　　　　　（b）结构示意

图 1-28　钽电解电容器实物与结构示意图

对于钽电解电容器标志的识别，以三星 TCSCN1C106MBAR 为例，来说明钽电解电容器的标志识别方法，如图 1-29 所示。

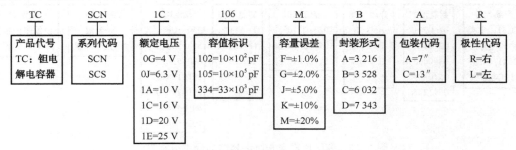

图 1-29　钽电解电容器标志识别方法

2）圆柱形钽电解电容器

圆柱形钽电解电容器由阳极、固体半导体阴极组成，采用环氧树脂封装。制作时，将作为阳极引脚的钽金属线放入钽金属粉末中，加压成形，在 1 650～2 000 ℃的高温真空炉中烧结成阳极芯片，将芯片放入磷酸等赋能电解液中进行阳极氧化，形成介质膜，通过钽金属线与磁性阳极端子连接后做成阳极。然后浸入硝酸锰等溶液中，在 200～400 ℃的气浴炉中进行热分解，形成二氧化锰固体电解质膜作为阴极。成膜后，在二氧化锰层上沉积一层石墨，再涂银浆，用环氧树脂封装，打印标志后就成为产品。

从圆柱形电解电容器的结构可以看出，该电容器有极性，阳极采用非磁性金属，阴极采用磁性金属，所以，通常可根据磁性来判断正负电极，其电容值采用色环标志，具体颜色对应值如表 1-17 所示。

表 1-17　圆柱形钽电解电容的色环标志

额定电压/V	本色涂色	标称容量/μF	色环			
			第1环	第2环	第3环	第4环
3.5	橙色粉红色	0.10	茶	黑	黄	粉红
		0.15	色	绿		
		0.22	红	红		
		0.33	橘红	橘红		
		0.47	黄	紫		
		0.68	蓝	灰		
10		1.00	茶	黑	绿	绿
		1.50	色	绿		
		2.20	红	红		
6.3		3.30	橘红	橘红		黄
		4.70	黄	紫		

3. 铝电解电容器

铝电解电容器的容量和额定工作电压的范围比较大，因此做成贴片形式比较困难，一般是异形。按照外形和封装材料的不同，铝电解电容器可分为矩形（树脂封装）和圆柱形（金属封装）两类，以圆柱形为主。铝电解电容器主要用于各种消费类和通信、计算机等高可靠性的场合。

铝电解电容器是有极性的电容器，它的正极板用铝箔，将其浸在电解液中进行阳极氧化处理，铝箔表面上便生成一层三氧化二铝薄膜，其厚度一般为（0.02～0.03）μm。这层氧化膜便是正、负极板间的绝缘介质。电容器的负极是由电解质构成的，电解液一般由硼酸、氨水、乙二醇等组成。为了便于电容器的制造，通常是把电解质溶液浸渍在特殊的纸上，再用一条原态铝箔与浸过电解质溶液的纸贴合在一起，这样可以比较方便地在原态铝箔带上引出负极，如图 1-30 所示。将上述的正、负极按其中心轴缠绕，便构成了铝电解电容器的芯子，然后将芯子放入铝外壳封装，便构成了铝电解电容器。为了保证电解质溶液不泄漏、不干涸，在铝外壳的口部用橡胶塞进行密封，如图 1-30（a）所示。铝电解电容器实物如图 1-30（b）所示，在铝电解电容器外壳上的深色标记代表负极，容量值及耐压值在外壳上也有标注，如图 1-30（c）所示。

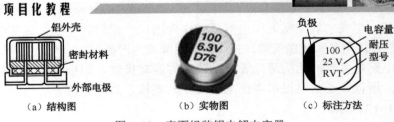

（a）结构图　　　　　（b）实物图　　　　　（c）标注方法

图 1-30　表面组装铝电解电容器

1.4.4　表面组装电感器

表面组装电感器是继表面组装电阻器、表面组装电容器之后迅速发展起来的一种新型无源器件。表面组装电感器除了与传统的插装电感器有相同的扼流、退耦、滤波、调谐、延迟、补偿等功能外，还特别在 LC 调谐器、LC 滤波器、LC 延迟线等多功能器件中体现了独特的优越性。由于电感器受线圈制约，片式化比较困难，故其片式化晚于电阻器和电容器，其片式化率也比较低。尽管如此，电感器的片式化仍取得了很大的进展，不仅种类繁多，而且相当多的产品已经系列化、标准化，并已批量生产。

表面组装电感器的种类很多，按外形可分为矩形和圆柱形；按磁路可分为开路和闭路两种；按结构和制造工艺可分为绕线型、多层型、编织型和薄膜型，目前用量较大的主要有绕线型表面组装电感器和多层型表面组装电感器。

1. 绕线型表面组装电感器

绕线型表面组装电感器实际上是把传统的卧式绕线电感器稍加改进而成。制造时将导线（线圈）缠绕在磁芯上。低电感时用陶瓷作磁芯，大电感时用铁氧体作磁芯，绕组可以垂直也可水平。一般垂直绕组的尺寸最小，水平绕组的电性能要稍好一些，绕线后再加上端电极。端电极也称外部端子，它取代了传统的插装式电感器的引线，以便表面组装。

绕线型表面组装电感器的特点是电感量范围广、精度高、损耗小、允许电流大、制作工艺简单、成本低，在高频率下能够保持稳定的电感量和相当低的损耗值，但不足之处是在进一步小型化方面受到限制。绕线型表面组装电感器实物如图 1-31 所示。

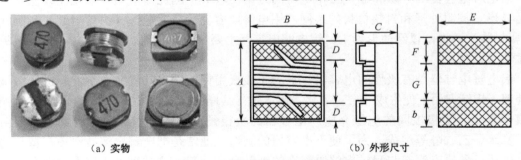

（a）实物　　　　　　　　　　　（b）外形尺寸

图 1-31　绕线型表面组装电感器实物图与外形尺寸

绕线型表面组装电感器标志的识别方法如图 1-32 所示。

2. 多层型表面组装电感器

多层型表面组装电感器的结构和多层型陶瓷电容器相似，由铁氧体浆料和导电浆料交替印刷叠层后，经高温烧结形成具有闭合磁路的整体。导电浆料经烧结后形成的螺旋式导

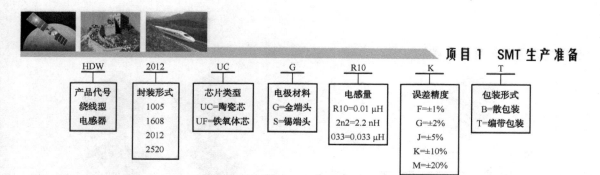

图 1-32 绕线型表面组装电感器标志的识别方法

电带，相当于传统电感器的线圈，被导电带包围的铁氧体相当于磁芯，导电带外围的铁氧体使磁路闭合。它与绕线片式电感器相比有许多优点：尺寸小，有利于电路的小型化；磁路封闭，不会干扰周围的元器件，也不会受临近元器件的干扰，有利于元器件的高密度安装；一体化结构，可靠性高；耐热性、可焊性好；形状规整，适用于自动化表面安装生产。多层型表面组装电感器实物图与结构图如图 1-33 所示。

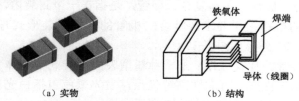

（a）实物　　　　　　　（b）结构

图 1-33 多层型表面组装电感器实物图与结构图

多层型表面组装电感器标志的识别方法如图 1-34 所示。

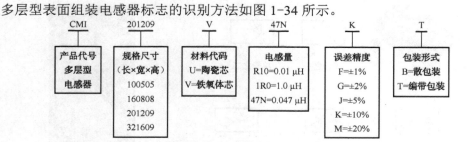

图 1-34 多层型表面组装电感器标志的识别方法

1.4.5 表面组装半导体器件

1. 二极管

二极管是一种单向导电性组件，所谓单向导电性就是指当电流从它的正极流过时，它的电阻极小；当电流从它的负极流过时，它的电阻很大，因而二极管是一种有极性的组件。用于表面组装的二极管有 4 种封装形式。

（1）圆柱形的无引脚二极管。其封装结构是将二极管芯片装在具有内部电极的细玻璃管中，玻璃管两端装上金属帽作为正负电极，外形尺寸有 1.5 mm×3.5 mm 和 2.7 mm×5.2 mm 两种。如图 1-35 所示为圆柱形的无引脚二极管。

（2）片状二极管。一般为塑料封装矩形薄片，外形尺寸为 3.8 mm×1.5 mm×1.1 mm，采用塑料编带包装，如图 1-36 所示。

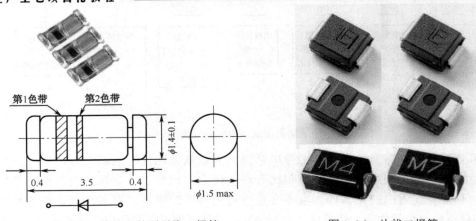

图 1-35　圆柱形的无引脚二极管　　　　　　　图 1-36　片状二极管

（3）片式塑封复合二极管。所谓复合二极管，是指在一个封装内，包含有 2 个以上的二极管，以满足不同的电路工作要求。复合二极管的常见封装形式有 SOT-23、SC-70、SOT-89 等，其中 SOT-23 外形如图 1-37 所示。

（4）片式发光二极管。片式 LED 是一种新型表面贴装式半导体发光器件，具有体积小、散射角大、发光均匀性好、可靠性高等优点，发光颜色包括白光在内的各种颜色，因此被广泛应用在各种电子产品上，如图 1-38 所示。

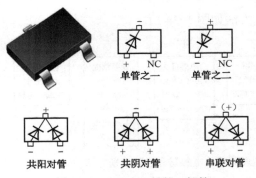

图 1-37　SOT-23 封装二极管　　　　　　　　图 1-38　片式发光二极管

2. 小外形封装晶体管

小外形塑封晶体管（Small Outline Transistor，SOT），又称为微型片式晶体管，它作为最先问世的表面组装有源器件之一，通常是一种三端或四端器件，主要用于混合式集成电路，被组装在陶瓷基板上，近年来已大量用于环氧纤维基板的组装。小外形晶体管主要包括 SOT-23、SOT-89、SOT-143 和 SOT-252 等。

（1）SOT-23。SOT-23 是通用的表面组装晶体管，其外部结构如图 1-39（a）所示。SOT-23 封装有三条翼形引脚，这类封装常见为小功率晶体管、场效应管、二极管和带电阻网络的复合晶体管。该封装可容纳的最大芯片尺寸为 0.030 in×0.030 in。在空气中可以耗散200 mW 的功率。SOT-23 采用编带包装，现在也普遍采用模压塑料空腔带包装。

（2）SOT-89。SOT-89 的集电极、基极和发射极从管子的同一侧引出，管子底面有金

属散热片与集电极相连。SOT-89 具有 3 条薄的短引脚分布在晶体管的一端，通常用于较大功率的器件。SOT-89 最大封装管芯尺寸为 0.60 in×0.6 in。在 25 ℃的空气中，它可以耗散 500mW 的热量，这类封装常见于硅功率表面组装晶体管，如图 1-39（b）所示。

（3）SOT-143。SOT-143 有 4 条翼形短引脚，引脚中宽度偏大一点的是集电极。它的散热性能与 SOT-23 基本相同，这类封装常见于双栅场效应管及高频晶体管，一般用作射频晶体管。它与 SOIC 封装相似，只是 PCB 间隙较小。其封装管芯外形尺寸、散热性能、包装方式及在编带上的位置与 SOT-23 基板相同。其外形如图 1-39（c）所示。

（4）SOT-252。SOT-252 的功耗为 2～50 W，属于大功率晶体管，引脚分布形式与 SOT-89 相似，3 个引脚从一侧引出，中间一条引脚较短，呈短平型，是集电极。另一端较大的引脚相连，该引脚为散热作用的通片，其外形如图 1-39（d）所示。

（a）SOT-23外形

（b）SOT-89外形

（c）SOT-143外形

（d）SOT-252外形

图 1-39　小外形封装晶体管

1.4.6　表面组装集成电路

集成电路（Integrated Circuit，IC）是采用半导体工艺，把一个电路中所需的晶体管、二极管、电阻、电容和电感等元件及布线互连在一起，制作在一小块或几小块半导体晶片或介质基片上，然后封装在一个管壳内，称为具有所需电路功能的微型结构。集成电路的发展是现代电子产业飞速发展的关键因素。

表面组装集成电路 IC 是在通孔插装器件基础上发展起来的，通孔插装器件中普遍采用 DIP 封装形式。DIP 封装是指双列直插式封装的集成电路芯片。其引脚一般不超过 100，中小规模集成电路一般采用这种封装形式，随着大规模集成电路（Large Scale Integrated Circuit，LSI）和超大规模集成电路（Very Large Scale Integrated Circuit，VLSI）技术的发展，各种先进 IC 封装形式不断出现，主要可以分为以下几类。

1．小外形集成电路

小外形集成电路 （Small Outline Integrated Circuit，SOIC），它由双列直插式封装 DIP 演变而来，是 DIP 集成电路的缩小形式。1971 年，飞利浦公司开发出小外形集成电路，并成功应用于电子手表，目前，小外形集成电路常见于线性电路、逻辑电路、随机存储器等单元电路中。

SOIC 封装有两种不同的引脚形式，一种是翼型引脚 SOP，其封装形式如图 1-40（a）所示，另一种是 J 形引脚的 SOJ，其封装形式如图 1-40（b）所示。SOJ 的引脚结构不易损坏，且占用 PCB 面积较小，能够提高装配密度。SOP 封装特点是引脚容易焊接，在工艺过程中检测方便，但占用 PCB 的面积较 SOJ 大。因而集成电路表面组装采用 SOJ 的比较多。

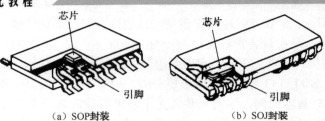

（a）SOP封装　　　　　　（b）SOJ封装

图 1-40　SOIC 封装

SOP 的引脚间距有 1.27 mm、1.0 mm、0.8 mm、0.65 mm、0.5 mm、0.4 mm、0.3 mm 等几种。与 SOP 不同，SOJ 的引脚间距只有 1.27 mm，引脚数目主要有 14、16、18、20、22、24、26 和 28 个。每个 SOP 和 SOJ 表面均有标记点，用以判断引脚序列，如图 1-41 所示。方法是标记点对应左下角为第 1 引脚，然后按逆时针方向依次为第 2 引脚、第 3 引脚……

图 1-41　小外形集成电路标记点

2. 塑封有引脚芯片载体

塑封有引脚芯片载体（Plastic Leaded Chip Carrier，PLCC），采用在封装体四周具有弯曲的 J 形短引脚，如图 1-42 所示。引脚数目为 16～84 个，间距为 1.27 mm。由于 PLCC 组装在电路基板表面，不必承受插拔力，故一般采用铜材料制成，这样可以减小引脚的热阻柔性。当组件受热时，还能有效地吸收由于器件和基板间热膨胀系数不一致而在焊点上造成的应力，防止焊点断裂。PLCC 的引脚数一般为数十至上百个，这种封装一般用在计算机微处理单元 IC、专用集成电路 ASIC、门阵列电路等处。PLCC 的外形有方形和矩形两种，矩形引线数分别为 18、22、28、32 条；方形引线数分别为 16、20、24、28、44、52、68、84、100、124、156 条。PLCC 占用面积小，引线强度大，不易变形、共面性好，但这种封装的 IC 被焊在 PCB 上后，检测焊点比较困难。

（a）实物　　　　　　　　　　　　（b）结构

图 1-42　PLCC 封装实物图及结构图

每个 PLCC 表面均有标记点，用以判断引脚第 1 引脚的位置，根据第 1 引脚的位置，然后按逆时针方向依次为第 2 引脚、第 3 引脚……

3. 无引脚陶瓷芯片载体

无引脚陶瓷芯片载体（Leadless Ceramic Chip Carrier，LCCC）是集成电路中没有引脚的一种封装，芯片被封装在陶瓷载体上，无引线的电极焊端排列在封装底面上的四边，引脚间距有 1.0 mm 和 1.27 mm 两种。

LCCC 芯片载体封装的特点是没有引脚，在封装体的四周有若干个城堡状的镀金凹槽，作为与外电路连接的端点，可直接将它焊到 PCB 的金属电极上。这种封装因为无引脚，故寄生电感和寄生电容都较小。同时，由于 LCCC 采用陶瓷基板作为封装，密封性和抗热应力都较好。但 LCCC 成本高，安装精度高，不宜大规模生产，仅在军事及高可靠性领域中采用，如微处理单元、门阵列和存储器等。

LCCC 封装与实物图如图 1-43 所示。

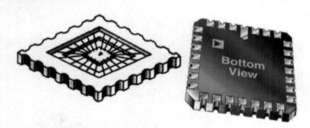

图 1-43　LCCC 封装与实物图

4. 方形扁平封装

方形扁平封装（Quad Flat Package，QFP）是专为小引脚间距表面组装集成电路而研制的新型封装形式。QFP 为四侧引脚扁平封装，引脚从四个侧面引出，通常为翼形引脚，还有少量为 J 形引脚。其封装形式如图 1-44 所示，QFP 的引脚中心间距有 1.0 mm、0.8 mm、0.65 mm、0.5 mm、0.4 mm、0.3 mm 等多种规格，引脚数目最少为 28 个，最多可达到 576 个。

QFP 封装由于引脚数目多，接触面较大，因而具有较高的焊接强度。但在运输、储存和安装中，引脚易折弯和损坏，使封装引脚的共面度发生改变，影响器件引脚的共面焊接。为了防止这些情况的发生，美国开发了一种带凸点的方形扁平封装（Bumped Quad Flat Package，BQFP），这种封装突出的特征是它有一个角垫用于减振，一般外形比引脚长 3 in，以保护引脚在操作、测试和运输过程中不受损坏。其中翼形引脚中心间距为 0.025 in，可容纳的引脚数为 44～244 个，因此，这种封装通常称为"垫状"封装。其封装形式如图 1-45 所示。

每个 QFP 表面均有标记点，如图 1-46 所示，用以判断引脚第 1 引脚的位置，根据第 1 引脚的位置，然后按逆时针方向依次为第 2 引脚、第 3 引脚……

5. 方形扁平无引脚塑料封装

方形扁平无引脚塑料封装（Plastic Quad Flat No-lead Package，PQFN）是近几年推出的一种全新的封装类型，其封装形式如图 1-47 所示。PQFN 是一种无引脚封装，呈正

方形或矩形，封装底部中央位置有一个大面积裸露焊盘，提高了散热性能。围绕大焊盘的封装外围有实现电气连接的导电焊盘。由于 PQFN 封装不像 SOP、QFP 等具有翼形引脚，其内部引脚与焊盘之间的导电路径短，自感系数及封装体内的布线电阻很低，因此它能提供良好的电性能。由于 PQFN 具有良好的电性能和热性能，体积小、重量轻，因此非常适合应用在手机、数码相机、PDA、DV、智能卡及其他便携式电子设备等高密度产品中。

图 1-44　QFP 封装形式图

图 1-45　BQFP 封装形式图

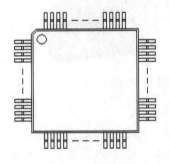

图 1-46　QFP 标记点示意图

图 1-47　PQFN 封装形式

6. 球形栅格阵列封装

为了适应 I/O 数的快速增长，20 世纪 90 年代由美国 Motorola 公司和日本 Citizen Watch 公司共同开发了新型的封装形式——球形栅格阵列（Ball Grid Array，BGA）。与原来的 PLCC/QFP 相比，BGA 的引脚形状由 J 形或翼形引脚变为球形引脚，芯片引脚不是在芯片四周或是在封装的底面"单线性"顺序引出引脚，变成了本体之内以"全平面"阵列布局的引脚，这样增加了引脚间的间距，也增加了引脚的数目。

BGA 的特点是 I/O 端子间距大，如 1.0 mm、1.27 mm、1.5 mm 等，I/O 引脚数目多；封装可靠性高，焊点缺陷率低，焊点牢固；焊接共面性好；有较好的电特性，特别适合在高频电路中使用；由于端子小，导体的自感和互感很低，频率特性好；信号传输延迟小，适应频率大大提高；工作时的芯片温度接近环境温度，具有良好的散热性。其缺点是 BGA 在焊接后检查和维修比较困难，必须使用 X 射线透视或 X 射线分层检测，才能确保焊接连接的可靠性，设备费用大，而且 BGA 容易吸湿，因此在使用前应先做烘干处理。

BGA 通常由芯片、基座、引脚和封壳组成，根据基座材料不同，BGA 可分为塑料球栅

阵列（Plastic Ball Grid Array，PBGA）、陶瓷球栅阵列（Ceramic Ball Grid Array，CBGA）、陶瓷柱栅阵列（Ceramic Column Grid Array，CCGA）和载带球栅阵列（Tape Ball Grid Array，TBGA）4 种。

（1）塑料球栅阵列（PBGA）。PBGA 是目前较多的 BGA 器件，主要应用在通信产品和消费产品上，其结构如图 1-48 所示。PBGA 的载体是普通的 PCB 基材，芯片通过金属丝压焊方式连接到载体的上表面，然后用塑料模压成形，在载体的下表面连接有共晶组分的焊球阵列。PBGA 具有热综合性能良好，成本相对较低，电气性能优良，对焊点的可靠性影响也较小。但是由于塑料封装容易吸潮，对于普通的 PBGA 器件，一般应在开封后 8 小时内使用，否则 PBGA 会吸收空气中的水汽，在焊接时迅速升温，会使芯片内的潮气蒸发导致芯片损坏。

（2）陶瓷球栅阵列（CBGA）。CBGA 是为了解决 PBGA 吸潮性而改进的品种，其外形如图 1-49 所示。CBGA 的芯片连接在多层陶瓷载体的上面，芯片与多层陶瓷载体的连接可以有两种形式：一种是芯片线路层朝上，采用金属丝压焊的方式实现连接；另一种是芯片的线路层朝下，采用倒装片结构方式实现芯片与载体的连接。与 PGAB 相比，CBGA 对湿气不敏感，不容易吸湿，存储时间长，封装更可靠。

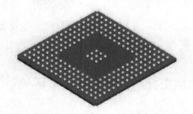

图 1-48　PBGA 封装形式

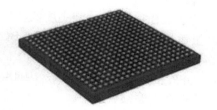

图 1-49　CBGA 封装形式

（3）陶瓷柱栅阵列 CCGA。CCGA 是 CBGA 在陶瓷尺寸大于 32 mm×32 mm 时的另一种形式。其外形如图 1-50 所示。与 CBGA 不同的是，在陶瓷载体的小表面连接的不是焊球，而是焊料柱。焊料柱阵列可以是完全分布或部分分布，常见的焊料柱直径约为 0.5 mm，高度约为 2.21 mm，柱阵列间距典型值为 1.27 mm。CCGA 有两种形式：一种是焊料柱与陶瓷底部采用共晶焊料连接，另一种则采用浇注式固定结构。与 CBGA 相比，CCGA 的焊料柱可以承受因 PCB 和陶瓷载体的热膨胀系数不同所产生的应力。其不足之处是组装过程中焊料柱比焊球易受机械损伤。

（4）载带球栅阵列 TBGA。TBGA 是 BGA 相对较新的封装类型，其外形如图 1-51 所示。它的载体是铜-聚酰亚胺-铜双金属层带，载体的上表面分布着用于信号传输的铜导线，而下表面作为地层使用。芯片与载体之间的连接可以采用倒装片技术来实现，当芯片与载体的连接完成后，要对芯片进行封装，以防止受到机械损伤。载体上的孔起到了连通两个表面、实现信号传输的作用，焊球通过采用类似金属丝压焊的微焊接工艺连接到过孔焊盘上，形成焊球阵列。在载体的顶面用胶连接着一个加固层，用于给封装提供刚性和保证封装体的共面性。TBGA 的焊球直径约为 0.76 mm，典型的焊球间距有 1.0 mm、1.27 mm 和 1.5 mm 3 种。与 CCGA 相比，TBGA 对环境温度要求非常严格，因为当芯片受热时，热张力集中在四个角上，在焊接时容易有缺陷。

图 1-50　CCGA 封装形式

图 1-51　TBGA 封装形式

7. 芯片级封装

芯片级封装（Chip Scale Package，CSP）是 BGA 进一步微型化的产物，问世于 20 世纪 90 年代中期，它的封装尺寸与裸芯片相同或封装尺寸比裸芯片稍大，通常封装尺寸与裸芯片之比定义为 1.2 : 1。CSP 的封装外形如图 1-52 所示。CSP 具有以下特点。

图 1-52　CSP 封装外形

（1）CSP 器件质量可靠。

（2）具有高导热性。

（3）封装尺寸比 BGA 小，安装高度低。

（4）CSP 虽然是更小型化的封装，但比 BGA 更平，更易于贴装。

（5）它比 QFP 提供了更短的互联，因此电性能更好，即阻抗低、干扰小、噪声低、屏蔽效果好，更适合在高频领域应用。

目前已广泛应用在大型液晶显示屏、液晶电视机、小型摄录一体机和计算机等产品中。

8. 裸芯片

随着芯片尺寸的进一步缩小，但却希望引脚的数目进一步增加，因此人们力图将芯片直接封装在 PCB 上，通常采用的封装方法有两种：一种是板载芯片（Chip On Board，COB）法，另一种是倒装焊法。适用 COB 法的裸芯片（Bare Chip）又称为 COB 芯片，适用倒装焊法的裸芯片则称为 Flip Chip，简称 FC，两者的结构有所不同。

（1）COB 芯片。COB 法采用引线键合（Wire Bonding，WB）技术将裸芯片直接组装在 PCB 上，焊区与芯片体在同一平面上，焊区周边均匀分布，焊区最小面积为 90 μm× 90 μm，最小间距为 100 μm。由于 COB 芯片焊区是周边分布，而且 I/O 增长数受到一定限制，在焊接时采用线焊，实现焊区与 PCB 焊盘相连接。因此，PCB 焊盘应有相应的焊盘数，并也是周边排列，才能与之相适应。从制造工艺上来看，COB 不适合采用大批量的自动化贴装，并且 COB 也增加了 PCB 制造工艺的难度，此外，COB 的散热也有一定困难。因此，COB 只适用于低功耗的 IC 芯片上。

（2）FC 倒装芯片。它是将带有凸点电极的电路芯片面朝下，使凸点成为芯片电极与基板布线层的焊点，经焊接实现牢固的连接，具有工艺简单、安装密度高、体积小、温度特性好及成本低等优点，尤其适合制作混合集成电路。FC 芯片与 COB 的区别在于，焊点呈

面阵列式排在芯片上，并且焊区做成凸点结构，凸点外层即为 Sn-Pb 焊料，故焊接时将 FC 反置于 PCB 上，并可以采用 SMT 方法实现焊接。倒装芯片具有串扰小的特点，尤其适合裸芯片多输入输出、电极整表面排列、焊点微型化的高密度发展趋势，是最具有发展前途的一种裸芯片焊接技术。为此，FC 技术已成为多芯片组件 MCM 的支撑技术，并已开始广泛应用于 BGA、CSP 等新型微型化器件和组件的芯片焊接上。

1.4.7 表面组装元器件的包装方式

表面组装元器件的包装形式已经成为 SMT 系统中的重要环节，它直接影响组装生产的效率，必须结合贴片机送料器的类型和数目进行优化设计。表面组装元器件的包装形式主要有 4 种，即编带、管式、托盘和散装。大批量生产建议选择编带包装形式；低产量或样机生产，建议选择管装；散装很少使用。

1. 编带包装

编带表装是应用最广泛、时间最久、适应性强、贴装效率高的一种包装形式，并已标准化。除 QFP、PLCC 和 LCCC 外，其余元器件均采用这种包装方式。编带包装所用的编带主要有纸带、塑料袋和黏接式带 3 种。纸带主要用于包装片式电阻和片式电容。塑料袋用于包装各片式无引脚组件、复合组件、异形组件、SOT、SOP、小尺寸 QFP 等片式组件。

2. 管式包装

管式包装主要用来包装矩形片式电阻、电容及某些异形和小型器件，主要用于 SMT 元器件品种很多且批量小的场合。包装时将元件按同一方向重叠排列后依次装入塑料管内（一般 100～200 只/管），管两端用止动栓插入贴片机的供料器上，将贴装盒罩移开，然后按贴装程序，每压一次管就给基板提供一只片式元件。管式包装材料的成本高，且包装的元件数受限。同时，若每管的贴装压力不均衡，则元件易在细窄的管内被卡住。但对表面组装集成电路而言，采用管式包装的成本比托盘包装要低，不过贴装速度不及编带方式。

3. 托盘包装

托盘包装是用矩形隔板使托盘按规定的空腔等分，再将器件逐一装入盘内，一般 50 只/盘，装好后盖上保护层薄膜。托盘有单层、三层、十层、十二层、二十四层自动进料的托盘送料器。这种包装方法开始应用时，主要用来包装外形偏大的中、高、多层陶瓷电容。目前也用于包装引脚数较多的 SOP 和 QFP 等器件。托盘式包装的托盘有硬盘和软盘之分。硬盘常用来包装多引脚、细间距的 QFP 器件，这样封装体引出线不易变形。软盘则用来包装普通的异形片式元件。

4. 散装

散装是将片式元件自由地封入成形的塑料盒或袋内，贴装时把塑料盒插入料架上，利用送料器或送料管使元件逐一送入贴片机的料口。这种包装方式成本低、体积小，但适用范围小，多为圆柱形电阻采用。

1.4.8 表面组装印制电路板

表面组装印制电路板（Surface Mount Printed Circuit Board，SMB），在功能上与通孔插装 PCB 相同。但由于 SMT 工艺是将 SMC/SMD 直接贴装在 SMB 上，对基板的要求比较高，而且 SMB 制造技术也比较复杂，因此为了区别，通常将专用于 SMT 的 PCB 专称为 SMB。

1. 表面组装印制电路板特征

SMB 与插装 PCB 相比，具有以下特征。

（1）高密度。由于有些 SMD 器件引脚数高达数百条甚至上千个，引脚中心间距已由 1.27 mm 发展到 0.3 mm，线宽从 0.2～0.3 mm 缩小到 0.15 mm、0.1 mm 甚至 0.05 mm，2.54 mm 网格之间过双线已发展到过 4 根、5 根甚至 6 根导线，线细、窄间距极大地提高了 PCB 的组装密度。

（2）小孔径。SMB 中大多数金属化孔不再用来插装元器件，而是用来实现层与层导线之间的互联，小孔径为 SMB 提供了更多的空间。目前 SMB 上的孔径为 $\Phi0.46～\Phi0.3$ mm，并向 $\phi0.2～\phi0.1$ mm 方向发展。

（3）热膨胀系数（CTE）低。热膨胀系数是指任何材料受热都会膨胀，高分子材料的 CTE 通常高于无机材料，不同类型材料组成的部件和组件，其内应力不同，当内应力超过材料承受限度时，会对材料产生损坏。由于 SMD 器件引脚多且短，器件本体与 PCB 之间的 CTE 不一致，而且因热应力造成器件损坏的事情经常会发生。因此要求 SMD 基材的 CTE 应尽可能低，以适应与器件的匹配性。

（4）耐高温性能好。如今的 SMT 在焊接过程中，经常需要焊接双面贴装元器件，因此要求 SMB 能耐两次回流焊温度，并要求 SMB 变形小、不起泡，焊盘有优良的可焊性，SMB 表面有较高的光洁度。

（5）平整度高。SMB 要求很高的平整度，以便 SMD 引脚与 SMB 焊盘密切配合，SMB 的翘曲度要求控制在 0.5%以内，而一般非 SMB 印制电路板翘曲度则要求为 1%～1.5%。同时，SMB 对焊盘上的金属镀层也有较高的平整度要求，其工艺要求采用镀金工艺或预热助焊剂涂敷工艺取代以前的 Sn/Pb 合金热风整合工艺。

2. 表面组装印制电路板的组成

SMB 主要由印制线路、焊盘、丝印、阻焊膜、金手指、定位孔、导通孔、Mark 点等构成。

（1）印制线路。印制线路是提供元器件之间电气连接的导电图形，是信号传输的主要通道。

（2）焊盘。焊盘是用于电气连接和元器件固定的导电图形。

（3）丝印。丝印用于标注元器件的名称、位置和方向。除了对元器件的标注外，还包括 PCB 上产品型号、版本、厂家商标和生产批号。但是丝印不能加工在焊盘上。

（4）阻焊膜。阻焊膜又称为防焊膜，是在焊接过程中及焊接后提供介质和机械屏蔽的一种覆膜，主要是用来阻焊及防止 PCB 板面被污染，今后的 PCB 以黄油和绿油偏多。

（5）金手指。金手指是与主板进行信号传递的部分，一般制作在 PCB 边缘，要求镀金良好。

（6）定位孔。定位孔是在组装过程中，用于固定 PCB 位置的孔。每一块 PCB 应在其角部位置设置至少 3 个定位孔，以便在线测试时和 PCB 本身进行定位。定位孔都是非金属化孔，孔径一般为 3 mm，与 PCB 边缘的距离为 3～5 mm，在周围 2 mm 内应无铜箔，并且不得贴装组件。

（7）导通孔。导通孔又称为 VIA 孔，是用来实现 PCB 各层之间的电气连接的金属化孔。导通孔分为通孔、盲孔、埋孔三种：通孔是贯穿连接 PCB 所有层面的金属化孔；盲孔是连接多层印制电路板与一个或多个内层的金属化孔；埋孔是在多层印制电路板内部，连接两个或两个以上内层的金属化孔。

（8）安装孔。安装孔是穿过元器件的机械固定脚，固定元器件于印制电路板上的孔，可以是金属化孔，也可以是非金属化孔，形状因需要而定。

（9）Mark 点。Mark 点又称基准点，为装配工艺中的所有步骤提供共同的可测量点，即参考点，保证装配设备能精确定位电路图案。因此，Mark 点对 SMT 生产至关重要。

Mark 点有单板 Mark、拼板 Mark 和局部 Mark 三种类型。其作用如下。

① 单板 Mark 是指单块电路板上用来定位所有电路特征的位置。

② 拼板 Mark 是指拼板上用来辅助定位所有电路特征的位置。

③ 局部 Mark 是指用于引脚数量多，引脚间距小的单个器件的定位，以提高贴装精度。局部 Mark 在组件的对角线上。

Mark 的形状有实心圆、三角形、菱形、方形、十字形、空心圆等，优先选择的是实心圆。一般完整的 Mark 点由标记点和空旷区组成，空旷区的是在 Mark 点周围的无阻焊区。一般 Mark 点的直径为 1～2 mm，最小的为 0.5 mm，最大不超过 5 mm，具体尺寸视印刷机与贴片机设备识别精度而定，同一块 PCB 上所有 Mark 点的大小必须一致。

Mark 点表面材料采用裸铜、镀锡、镀金均可，但要求镀层均匀、光滑平整，如果使用阻焊，不应该覆盖 Mark 点或空旷区。Mark 点位于电路板或拼板的对角线相对位置，并尽可能地使距离分开，最好分布在最长对角线位置，且必须成对出现，才能使用。拼板时，每一块板的 Mark 点相对位置必须一致，Mark 点标记与 PCB 基材之间要有很高的亮度对比，才能使 Mark 点达到最佳性能。

3. 表面组装印制电路板的设计要求

表面组装印制电路板的设计直接影响表面组装的工艺质量，如焊盘的设计正确与否将决定回流焊工艺出现位置偏移、立碑和桥连等缺陷，因此，随着 SMT 设备和工艺的精细化要求，也对 SMB 设计提出了更高的要求。SMB 设计主要包括 PCB 外形设计、布线设计、元器件布局和焊盘设计等。

1）PCB 外形设计

PCB 外形设计主要包括 PCB 外形尺寸大小、拼板设计、定位孔和工艺边及基准标记设计等。

（1）PCB 外形尺寸。PCB 的外形一般为长宽比不太大的长方形。长宽比例较大或面积较大的板，容易产生翘曲变形，当幅面过小时还应考虑到拼板，PCB 的厚度应根据对板的机械强度要求及 PCB 上单位面积承受的元器件质量，选取合适厚度的基材。考虑焊接工艺过程中的热变形及结构强度，如抗张、抗弯、机械脆性、热膨胀等因素，PCB 厚度、最大宽度与最大长宽比之间的关系如表 1-18 所示。

表 1-18 印制板厚度、最大宽度与最大长宽比

厚度/mm	最大印制板宽度/mm	最大长宽比
0.8	50	2.0
1.0	100	2.4
1.6	150	3.0
2.4	300	4.0

（2）拼板工艺。当单个 PCB 尺寸较小，PCB 上元器件较少，且为刚性板时，为了适应 SMT 生产设备的要求，经常将若干个相同或者不同单元的 PCB 进行有规则地拼合，把它们拼合成长方形或正方形，这就是拼板（Panel），如图 1-53 所示。这种设计可以采用同一模板，节省编程、生产时间，提高生产效率和设备利用率。

拼板之间采用 V 形槽、邮票孔、冲槽等手段进行组合，既有一定的机械强度，又便于组装后分离。拼板具有以下特点。

① 拼板可由多块同样的电路板组成或由多块不同的电路板组成。

② 根据表面组装设备的情况决定拼板的最大外形尺寸，如贴片机的贴片面积、印刷机的最大印刷面积和回流焊炉传送带的工作宽度等。

③ 拼板的工艺孔可设计成一个圆形和一个槽形孔，槽形孔的宽度和圆形孔的直径相等，而长度则比宽度至少大 0.5 mm。

④ 拼板上各电路板间的连接筋起机械支撑作用。因此它既要有一定的强度，又要便于折断把电路板分开。

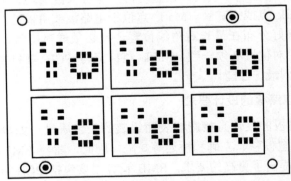

图 1-53 拼板结构示意图

（3）定位孔、工艺边与基准标记。一般 SMT 生产设备在装夹 PCB 时主要采用针定位或边定位，因此在 PCB 上需要有适应 SMT 生产的定位孔或工艺边。基准标记则是为了纠正 PCB 制作过程中产生误差而设计的提供机器光学定位的标记。

① 定位孔。定位孔位于印制电路板的四个角，以圆形为主，也可以是椭圆，定位孔内壁要求光滑，不允许有电镀层，在定位孔周围 2 mm 范围内不允许有铜箔，且不得贴装元器件。定位孔尺寸及其在 PCB 上的位置如图 1-54 所示。

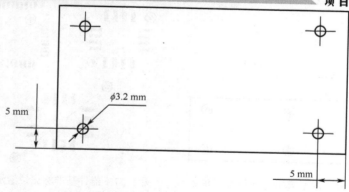

图 1-54　定位孔尺寸及其在 PCB 上的位置

②工艺边。工艺边主要是用于设备的夹持与定位，以及异形边框补偿。工艺边宽度根据 PCB 的大小来确定，一般为 5～8 mm，此时定位孔与图像识别标志应设于工艺边上，待加工工序结束并经检测合格后可以去掉工艺边。当 PCB 外形为异形时，必须设计工艺边，使 PCB 外形成直线，生产结束后再把此工艺边去除。

③基准标记。基准标记有 PCB 基准标记（PCB Mark）和器件基准标记（IC Mark）两大类。其中 PCB 基准标记是 SMT 生产时 PCB 的定位标记，器件基准标记则是贴装大型 IC 器件，如 QFP、BGA、PLCC 等时，进一步保证贴装精度的标记。

基准标记的形状可以是圆形、方形、十字形、三角形、菱形、椭圆形等，以圆形为主，尺寸一般为 ϕ（1～2）mm，其外围有等于其直径 1～2 倍的无阻焊区。基准标记形状及圆形标记尺寸如图 1-55 所示。

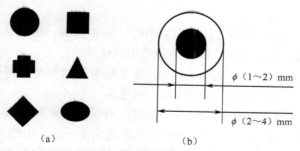

ϕ（1～2）mm

ϕ（2～4）mm

（a）　　　　　　　（b）

图 1-55　基准标记形状及圆形标记尺寸

PCB 基准标记一般在印制电路板对角两侧成对设置，距离越大越好，但两圆点的坐标值不应相等，以确保贴片时印制电路板进板方向的唯一性。当 PCB 较大（≥200 mm）时，则一般需在印制电路板的 4 个角分别设置基准标记，但不可对称分布，并在 PCB 长度的中心线上或附近增设 1～2 个基准标记，如图 1-56 所示。器件基准标记则应设置在焊盘图形内或其外的附近，同样成对且可以对称设置，如图 1-57 所示。

2）布线设计

（1）布线一般原则。

①最短走线原则。特别是对于小信号电路，线越短电阻越小，干扰越小，元器件之间走线必须最短。当长度大于 150 mm 时，绝缘电阻明显下降，高频时容易串扰。

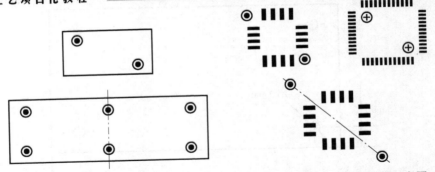

图 1-56　PCB 基准标记位置示意图　　　图 1-57　器件基准标记位置示意图

② 避免长距离平行走线。印制电路板上的布线应短而直，减小平行布线，必要时可以采用跨接线，双面印制电路板两面的导线应垂直交叉，高频电路的印制导线的长度和宽度都要小，导线间距要大。

③ 不同信号系统要分开。印制电路板上同时组装模拟电路和数字电路时，要将这两种电路的地线系统分开，它们的供电系统也要完全分开。

④ 采用恰当的接插形式，有接插件、插接端和导线引出等形式。输入电路的导线要远离输出电路的导线，引出线要相对集中设置，布线时使输入输出电路分列于印制电路板的两边，并用地线分开。

⑤ 设置地线。印制电路板上每级电路的地线一般应自成封闭回路，以保证每级电路的地电流主要在本地回路中流通，减小级间地电流耦合。但印制电路板附近有强磁场时，地线不能做成封闭回路，以免成为一个闭合线圈而引起感应电流。电路工作频率越高，地线应越宽，或采用大面积敷铜。

⑥ 走线方式。同一层上的信号线改变方向时，应走斜线，拐角处应尽量避免锐角，一般取圆弧形，而直角或锐角在高频电路中会影响电气性能。

（2）印制导线宽度及间距。印制导线的宽度主要由导线与绝缘基板间的黏附强度和流过它们的电流值决定。当铜箔厚度为 0.5 mm、宽度为 1～15 mm 时，流过 2 A 的电流，温度不会高于 3 ℃时，导线宽度选用 1.5 mm 即可。对于集成电路，通常选用宽度为 0.02～0.3 mm 导线。印制导线的图形、同一印制板上的宽度应该一致，地线可适当加宽。

印制导线间距、相邻导线平行段的长度和绝缘介质决定了印制电路板导线间的绝缘电阻，因此，在布线允许的条件下，应适当加宽导线间距，一般情况下，导线间距应等于导线宽度。具体设计时还要考虑以下 3 个因素。

① 低频低压电路的导线间距取决于焊接工艺，采用自动化焊接间距可小些，手工焊接时要大些。

② 高压电路的导线间距取决于工作电压和基板的抗电强度。

③ 高频电路主要考虑分布电容对信号的影响。

3）元器件布局

（1）元器件的选取。根据 PCB 的实际需要，尽可能选取常规元器件，不可盲目地选取过小元件或复杂 IC 器件，如 0201 封装的元件和超细间距的集成电路。

（2）元器件布局原则。

① PCB 上元器件尽可能均匀分布，特别是大质量的元器件必须分散布置，这是由于大质量元器件通常吸热较多，若过于集中焊接时，会出现某个区域吸热过多导致热分布不均，从而对焊接质量及印制电路板造成不良影响。

② 在电路中应尽可能使元器件平行排列，这样不但美观，而且易于焊接、批量生产。位于印制电路板边缘的元器件，距离边缘为 3～5 cm。

③ 同类元器件尽可能按相同方向排列，特征方向应一致，便于元器件的贴装、焊接和检测，如二极管的极性、三极管的单引脚端、集成电路的第一引脚位置等。所有元器件位号的丝印方位应相同。

④ 焊盘内部不允许印有字符和图形标记，标记符号距焊盘边缘应大于 0.5 mm，凡无外引脚的元器件的焊盘，其焊盘之间不允许有通孔，以保证清洗质量。

⑤ 元器件布局要满足回流焊、波峰焊工艺要求及间距要求：单面混装时，应把贴装和插装元器件布放在 A 面；采用双面回流焊混装时，应把大的贴装和插装元器件布放在 A 面；采用 A 面回流焊、B 面波峰焊时，应把大的贴装和插装元件布放在 A 面，适用于波峰焊的矩形、圆柱形、SOT 和较小的 SOP 布放在 B 面，如需 B 面安放 QFP 元器件，应按 45°方向放置。

（3）元器件排列方向。在 PCB 上的元器件尽量要求有统一的方向，有正负极性的元器件也要有统一的方向，在表面组装技术中，按照工艺流程的不同，其元器件排列方向也有不同要求。

① 回流焊工艺：为了使 SMC 的两个焊端及 SMD 两侧引脚同步受热，减少由于元器件两侧焊端不能同步受热而产生的立碑、移位、焊端脱离等焊接缺陷，要求 PCB 上两个端头的 SMC 的长轴应垂直于回流焊机的传送带方向，SMD 器件长轴应平行于回流焊机的传送带方向，SMC 元件长轴与 SMD 器件长轴相互垂直。

② 波峰焊工艺：在波峰焊中，SMC 元件的长轴应垂直于波峰焊机的传送带方向，SMD 器件长轴应平行于波峰焊机的传送带方向。为了避免影响效应，同尺寸元器件的端头在平行于焊料波峰方向排成一直线，不同尺寸的大小元器件应交错放置；小尺寸的元器件要排放在大元器件的前方，防止元器件本体遮挡焊接端头和引脚。

（4）元器件的间距设计：为了保证焊接时焊盘间不会发生桥连，以及在大型元器件的四周留下一定的维修间隙，在分布元器件时，要注意元器件之间的最小间距，波峰焊接工艺要略宽于回流焊工艺，一般表面组装元器件之间的最小间距要求如下。

① 片式元件之间，SOT 之间，SOP 与片式元件之间为 1.25 mm。

② SOP 之间，SOP 与 QFP 之间为 2 mm。

③ PLCC 与片式元件、SOP、QFP 之间为 2.5 mm。

④ PLCC 之间为 4 mm。

4）焊盘设计

SMT 焊盘设计是印制电路板线路设计的关键部分，它确定了元器件在印制电路板的焊接位置。设计合理的焊盘，其焊接过程几乎不会出现虚焊、桥连等缺陷，相反，不良的焊盘设计将导致 SMT 生产无法进行，各种焊盘设计规范如下。

（1）矩形片式元件焊盘设计。矩形片式元件及焊盘如图 1-58 所示，设计原则如下。

① 焊盘宽度：$A = W_{max} - K$。

② 焊盘长度：电阻器 $B = H_{max} + T_{max} - K$，电容器 $B = H_{max} + T_{max} - K$。

③ 焊盘间距：$G = L_{max} - 2T_{max} - K$。其中 K 为常数，一般取值为 0.25 mm。

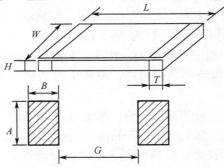

图 1-58　矩形片式元件及焊盘示意图

（2）小外形封装晶体管焊盘的设计。对于小外形封装晶体管（SOT），应在保持焊盘间的中心距等于器件引线间的中心距的基础上，再将每个焊盘长度和宽度分布向外延伸至少 0.35 mm，如图 1-59 所示。

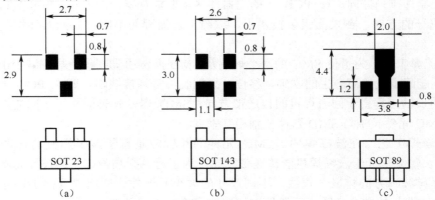

图 1-59　小外形封装晶体元件及焊盘示意图

（3）小外形封装焊盘设计。小外形封装（SOP）外形及焊盘设计原则如下。

① 焊盘中心距等于引脚中心距。

② 单个引脚焊盘设计的一般原则为 $Y = T + b_1 + b_2 = 1.5 \sim 2$ mm, ($b_1 = b_2 = 0.3 \sim 0.5$ mm)，$X = (1.0\text{-}1.2)W$。

③ 相对两排焊盘内侧距离：$G = F - K$，其中 K 为常数，一般取值为 0.25 mm，如图 1-60 所示。

（4）四方扁平封装（QFP）外形及焊盘设计原则如下。

① 焊盘中心距等于引脚中心距。

② 单个引脚焊盘设计的一般原则为 $Y = T + b_1 + b_2 = 1.5 \sim 2$ mm, ($b_1 = b_2 = 0.3 \sim 0.5$ mm)，$X = (1.0 \sim 1.2)W$。

③ 相对两排焊盘内侧距离：$G = A/B - K$，其中 K 为常数，一般取值为 0.25 mm，如图 1-61 所示。

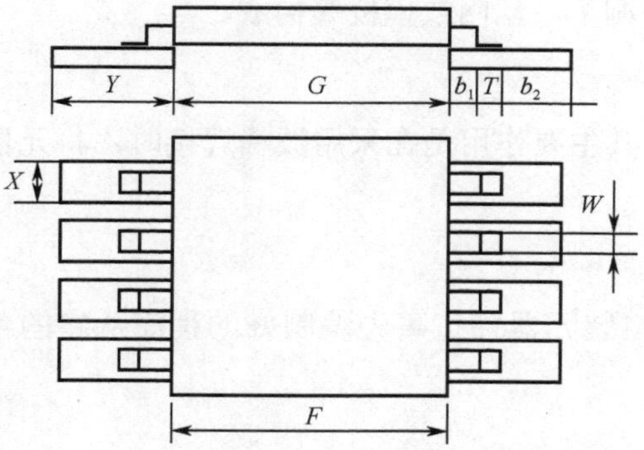

图 1-60   SOP 封装外形及焊盘设计示意图

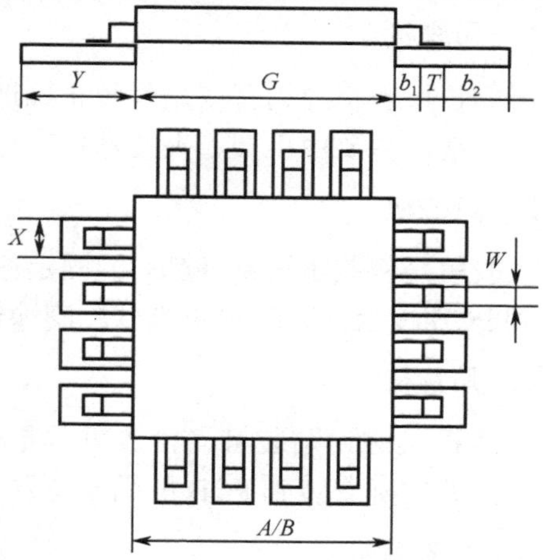

图 1-61   QFP 封装外形及焊盘设计示意图

（5）BGA 焊盘设计：BGA 焊点的形态如图 1-62 所示，图中 D_c、D_o 是器件基板的焊盘尺寸，D_b 是焊球的尺寸，D_p 是 PCB 焊盘尺寸，H 是焊球的高度。通常焊盘直径按照焊球直径的 75%~85%设计，焊盘引出线不超过焊盘的 50%，相对于焊接质量来说，越细越好。为了防止焊盘变形，阻焊开窗（solder mask）应不大于 0.05 mm。

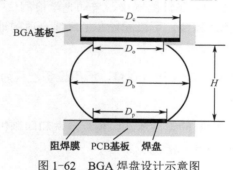

图 1-62   BGA 焊盘设计示意图

1.5   生产设备准备

SMT 生产线主要生产设备包括印刷机、点胶机、贴片机、回流焊机和波峰焊机，辅助设备包括检测设备、返修设备、清洗设备、干燥设备和物料存储设备等，如图 1-63 所示。

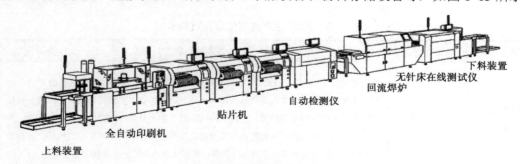

图 1-63   SMT 生产线组成

1．印刷机

印刷机用于将焊锡膏或贴片胶正确地印到 PCB 的焊盘或位置上。印刷机位于 SMT 生产线的最前端，主要由机架、夹持基板工作台、印刷头、丝网或模板等构成。

2．点胶机

点胶机是将胶水滴到 PCB 的固定位置上，其主要作用是在采用波峰焊接时，将元器件固定到 PCB 板上，有时也用来分配滴涂锡膏。

3．贴片机

贴片机又称为贴装机、拾放机，是将表面组装元器件按事先编制好的程序从它的包装中取出，并准确安装到 PCB 的固定位置上。

4．回流焊机

回流焊机又称为回流焊炉，是将焊锡膏融化，使表面组装元器件与 PCB 牢固焊接的设备。主要有红外回流焊机、热风回流焊机、红外热风回流焊机等。

5．检测设备

对组装好的表面组装组件（SMA）进行焊接质量和装配质量的检测。所用设备有放大镜、显微镜、在线测试仪（ICT）、飞针测试仪、自动光学检测仪（AOI）、X-Ray 检测仪、功能测试仪等。位置根据检测的需要，可以配置在生产线合适的地方。

6．返修设备

返修设备是对检测出故障的 SMA 进行返修。所用设备工具为电烙铁、返修工作站等。

7．清洗设备

清洗设备主要用于组装 PCB 的焊后清洗、模板清洗和印刷锡膏的返工清洗。所用设备主要有超声清洗机、气相清洗机和水清洗机。

1.6 生产人员准备

制造一件合格的产品，要有管理、设备、工艺、物料等方面的保证。但生产人员的素质和管理至关重要，它直接影响企业的形象和产品的质量。SMT 生产线主要岗位及人员的构成如表 1-19 所示。

表 1-19　SMT 生产线岗位及人员构成

岗　　位	人　　员	主要岗位职责
SMT 生产管理	项目工程主管	全面、负责 SMT 工程工作：负责项目计划的制订、执行和具体项目的评估、计划、推进和控制，负责在新产品的导入和生产阶段的重大工程问题的处理；负责新技术、新工艺和新设备的开发、评估和导入；负责新产品报价的评估和支持；负责生产线设计、评估和配置方案的提出；负责项目工程文件评审、管理和推动执行。负责与客户联络、沟通及保持良好的客户关系；组织和协调内部组员之间的工作分配

岗 位	人 员	主要岗位职责
SMT 生产管理	SMT 工艺主管	参与新产品开发，保证工艺过程受控，负责制定并实施 SMT 工艺流程、工艺规程和产品工艺；预测、分析生产过程中的不良产品，提早或现场处理生产线上的非正常问题；制订降低生产成本方案，有效地控制劳动成本和材料成本；对 SMT 生产工艺进行持续改进，确保产品质量与生产效率
	生产主管	负责 SMT 生产的全面管理；负责品质的持续性改善；负责生产效率的提升；负责物料仓库和现场化管理，确认每日的生产物料，各个环节严格控制物料的消耗量；负责机器设备的管理，制定机器设备的操作规范，保养计划、保养标准和操作指导书；负责人员管理，制定详细的人员奖惩制度、车间注意事项、管理和作业规范等来负责生产工艺过程的改善，对影响品质和效率的工艺进行改善和优化
	生产线长	贯彻执行具体的 SMT 工艺过程，监视工艺参数，发现问题及时反馈跟踪、处理；合理分配线内员工，协调作业，提高生产效率、降低生产成本；把握和跟踪生产进度，负责 SMT 生产线报表的填写与监督；对 SMT 人员进行作业品质督导及 5S、ESD 的管理
SMT 设备维护与管理	设备工程师	负责 SMT 生产设备的选型、安装、调试、保养、维护、故障排除；负责 SMT 生产线的程序编制、调试及 SMT 数据库的建立和维护；负责 SMT 生产设备对应的岗位作业指导书的编制及操作员培训；编制设备的购置计划和保养计划；督促生产线上工人做好设备的保养及日常问题的解决；协助生产线上工人完成生产计划，达到生产要求
	助理工程师	协助工程师完成 SMT 生产设备的选型、安装、调试、保养、维护、故障排除、SMT 生产线的程序编制、调试及 SMT 数据库的建立和维护；督促生产线上工人做好设备的保养及日常问题的解决；协助生产线上工人完成生产计划，达到生产要求
	技术员	协助工程师完成 SMT 生产设备的选型、安装、调试、保养、维护、故障排除、SMT 生产线的程序调试；做好设备的保养及日常问题的解决；协助生产线上工人完成生产计划，达到生产要求
SMT 检测	电子工程师	负责检测技术及质量控制，包括针床设计和测试软件的编制；负责编制检验作业指导书及检验员培训；研究并提出 SMT 质量管理新办法
	QC 测试员	按照作业要求执行 SMT 生产线相关设备的检验操作；对生产线相关的设备进行日常的维护；负责检验操作的过程记录和检验结果的异常反馈
	QA 检验员	按照作业要求对 SMT 产品进行检验；负责检验结果的记录和检验结果的异常反馈
	IPQC	对生产线巡查，对 SMT 制程进行品质控制；发现问题及时反馈
	IQC	对来料进行品质检测，负责检验结果的记录和检验结果的异常反馈
	质量统计管理员	负责统计、处理质量数据并及时报告
SMT 生产	维修员	按照作业要求对 SMT 故障进行维修；对生产线相关材料和工具进行基本管理和日常维护；负责修理的过程记录和异常反馈
	操作员	按照作业要求对 SMT 生产线相关设备进行生产操作及日常维护；对生产线相关材料和工具进行基本的管理和维护；负责生产操作的过程记录和操作异常反馈
	物料员	负责车间的物料管理，负责填写相关的物料管制、管理表格和记录

1.7 生产工艺文件准备

工艺文件是指导工人操作和用于生产、工艺管理等的各种技术文件的总称。它是产品加工、装配、检验的技术依据，也是企业组织生产、计划管理、产品经济核算、质量控制的主要依据。先进、科学、合理、齐全的工艺文件是企业能否安全、优质、高产能低消耗地制造产品的决定条件。

1.7.1 工艺文件的分类与作用

工艺是将原材料或半成品加工成产品的过程和方法，是人类从事生产实践中积累的经验总结，而将这些经验总结以图形设计表述出来用于指导实践，就形成了工艺文件，所以工艺文件是生产程序、内容、方法、工具、设备、材料及每一个环节都应该遵守的技术规程，用文字和图表的形式表示出来。不允许用口头的形式来表达，必须采用规范的书面形式，而且工艺文件是带强制性的纪律性文件。任何人不得随意修改，违反工艺文件上的技术规程属于违纪行为。

1．工艺文件分类

工艺文件通常可分为工艺管理文件和工艺规程文件两大类。

工艺管理文件是指企业组织生产、进行生产技术准备工作的文件，它规定了产品的生产条件、工艺路线、工艺流程、工具设备、调试及检验仪器、工艺装置、材料消耗定额和工时消耗定额。

工艺规程文件是指在企业生产中，规定产品或零部件制造工艺过程和操作方法等的工艺文件。它主要包括零件加工工艺、元件装配工艺、导线加工工艺、调试及检验工艺和各工艺的工时定额。

（1）工艺规程按用途分可分为四类。

① 第一类为封面和目录。包括工艺规程的封面和工艺规程的目录。

② 第二类为各种汇总图表。包括工装明细表、消耗定额表、配套明细表、工艺流程图及工艺过程表。它们作为材料供应、工装配置、成本核算、劳动力安排、组织生产的依据。

③ 第三类为各种作业指导书。包括装联准备（元器件预成型、导线加工）、装配工艺流程（插件、焊接、总装等）、调试工艺规程、检验工艺规程。它们是组装操作的作业指导，一切生产人员必须严格遵照执行。

④ 第四类为工艺更改单。工艺更改单有临时性更改及永久性更改两种，是实施工艺更改的依据。

（2）工艺规程按适用性又分为专用工艺、通用工艺以及典型工艺。

① 专用工艺是指适用于某一产品的工艺规程，而对其他产品不适用。

② 通用工艺是指适用于多种产品的工艺规程。通常，一些电子产品尽管型号、规格不同，但装联时的操作要领及质量要求是基本相同的，可以将它们上升为通用工艺。通用工艺一般只在企业内部通用。

③ 典型工艺是指在通用工艺的基础上进一步提炼，有较大的通用性，不受企业具体条件的约束，只要有相同的工种，均可适用，如热处理典型工艺、氧化典型工艺。整机类电子产品的工艺规程目前尚未典型化。

2．工艺文件作用

（1）为生产准备提供必要的资料，如为原材料和外购件提供供应计划，为生产准备必要的资料及为工装和设备的配备等提供一手资料。

（2）为生产部门提供工艺方法和流程，确保经济、高效地生产出合格产品。

（3）为质量控制部门提高产品质量提供检测方法和计量检验仪器及设备。

（4）为企业操作人员的培训提供依据，以满足生产的需要。

（5）是建立和调整生产环境，保证安全生产的指导文件。

（6）是企业进行成本核算的重要材料。

（7）是加强定额管理，对企业职工进行考核的重要依据。

1.7.2 工艺文件的编制方法和要求

1. 工艺文件的编制原则

工艺文件的编制原则是以优质、低耗、高产为宗旨，结合企业的实际情况，编制工艺文件应注意以下几点。

（1）根据产品的批量、性能指标和复杂程度编制相应的工艺文件。对于简单产品可编写某些关键工序的工艺文件，对于一次性生产的产品，可视具体情况编写临时工艺文件或参照同类产品的工艺文件。

（2）根据车间的组织形式、工艺装备和工人的技能水平等情况编制工艺文件，确保工艺文件的可靠性。

（3）对未定型的产品，可编写临时工艺文件或编写部分必要的工艺文件。

（4）工艺文件应以图为主，力求做到通俗易读，便于操作，必要时可标注简要说明。

（5）凡属装调人员应知应会的基本工艺规程内容，可不再编入工艺文件。

2. 工艺文件的编制方法

（1）仔细分析设计文件的技术条件、技术说明、原理图、装配图、接线图、线扎图及有关零部件图，参照样机，将这些图中的焊接要求与装配关系逐一分析清楚。

（2）根据实际情况，确定生产方案，明确工艺流程与工艺路线。

（3）编制准备工序的工艺文件，凡不适合在流水线上安装的元器件和零部件，都应该安排到准备工序完成安装。

（4）编制总装流水线工序的工艺文件，应充分考虑各工序的均衡性和操作的顺序性，最好按局部分片的方法分工，避免上下翻动机器，前后焊接等不良操作。

3. 工艺文件的编制要求

（1）工艺文件要有统一的格式和统一的幅面，图幅大小应符合有关规定，并装订成册，配齐成套。

（2）工艺文件的字体要规范，书写应清楚，图形要正确。

（3）工艺文件中使用的名称、编号、图号、符号、材料和元器件代号等应与设计文件保持一致。

（4）工艺附图应按比例准确绘制。

（5）在编制工艺文件时，应尽量采用通用技术条件、工艺细则或企业标准工艺规程，并有效地使用工装或专用工具、测试仪器和仪表。

（6）工艺文件中应列出工序中所需的仪器、设备和辅助材料等，对于调试检验工序，应标出技术指标、功能要求、测试方法和仪器的量程等。

（7）装配图中的装接部位要清楚，接点应明确，内部结构可采用假想移出展开的方法。

（8）工艺文件应执行审核和批准等手续。

1.7.3 工艺文件的格式及填写方法

工艺文件格式是按照工艺技术和管理要求规定的工艺文件栏目编排的，为保证产品生产地顺利进行，应该保证工艺文件的成套性。工艺文件包括工艺文件封面、工艺文件目录、元器件工艺表、导线及扎线加工表、工艺说明及简图、装配工艺过程卡、工艺文件更改通知单、工艺文件明细表等。

1. 工艺文件封面

作为产品全套工艺文件装订成册的封面，在填写"共 X 册"中填写全套工艺文件的册数；"第 X 册"填写本册在全套工艺文件中的序号；"共 X 页"填写本册的页数；"产品型号""产品名称""产品图号"均填写产品型号、名称、图号；"本册内容"填写本册的主要工艺内容的名称；最后执行批准手续，并且填写批准日期，如图 1-64 所示。

<table>
<tr><td colspan="2"></td><td rowspan="6">

工 艺 文 件

第　　　　册
共　　　　页
共　　　　册

产品型号
产品名称
产品图号
本册内容

</td></tr>
<tr></tr>
<tr></tr>
<tr></tr>
<tr></tr>
<tr></tr>
<tr><td colspan="2">旧底图总号</td><td>　</td></tr>
<tr><td colspan="2"></td><td rowspan="2">

批　　准

年　　月　　日

</td></tr>
<tr><td colspan="2">底图总号</td></tr>
<tr><td colspan="2"></td><td></td></tr>
<tr><td>日期</td><td>签名</td><td></td></tr>
<tr><td></td><td></td><td></td></tr>
</table>

图 1-64　工艺文件封面

2．工艺文件目录

工艺文件目录供装订成册的工艺文件编写目录用，反映产品工艺文件的成套性。填写的"产品名称或型号""产品图号"应与封面的内容保持一致；"文件代号"栏填写文件的简号，"更改标记"栏填写更改事项；"拟制"、"审核"栏由有关人员签署，其余栏目按有关标题填写，如图 1-65 所示。

			工艺文件目录		产品名称或型号		产品图号
		序号	文件代号	零部件、整件图号	零部件、整件名称	页数	备注
使用性							
旧底图型号							

底图型号		更改标记	数量	文件号	签名	日期	签名	日期	第　页	
							拟制			
							审核		共　页	
日期	签名								第　册	第　页

图 1-65　工艺文件目录

3. 工艺文件路线表

工艺文件路线表用于产品生产的安排和调度，反映产品由毛坯准备到成品包装的整个工艺路线的简明显示，供企业有关部门作为组织生产的依据，如图 1-66 所示。

		工艺路线表				产品名称或型号		产品图号
		序号	图号	名称	装入关系	部件用量	整件用量	工艺路线表内容
使用性								
旧底图型号								

底图型号		更改标记	数量	文件号	签名	日期	签名		日期	第 页	
							拟制				
							审核			共 页	
日期	签名										
										第 册	第 页

图 1-66　工艺文件路线表

4. 导线及线扎加工表

导线及线扎加工表用于导线及线扎的加工准备及排线等，如图 1-67 所示。

导线及线扎加工卡片					产品名称			名称		
序号	线号	名称牌号规格	颜色	数量	产品图号			图号		
					导线长度			连接点 I	连接点 II	设备及工装	工时定额	备注
					全长	A 剥头	B 剥头					

| 旧底图型号 | | | | | | | | |

底图型号						设计		
						审核		
日期	签名							
						标准化		第　页
	更改标记	数量	更改单号	签名	日期	批准		共　页

图 1-67　导线及线扎加工表

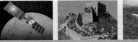

5. 配套明细表

配套明细表是编制装配所需用的零件、部件、整件及材料与辅助材料的清单，供各有关部门在配套及领、发料时使用，也可作为装配工艺过程卡的附页，如图 1-68 所示。

			配套明细表		装配件名称		装配件图号
	序号	图号	名称	数量	来自何方	备注	
	1	2	3	4	5	6	
使用性							
旧底图型号							

底图型号	更改标记	数量	文件号	签名	日期	签名	日期	第　　页
						拟制		
						审核		共　　页
日期	签名							
								第　册　　第　　页

图 1-68 配套明细表

6. 装配工艺过程卡

装配工艺过程卡又称为工艺作业指导书，它反映了电子整机装配过程中，装配准备、装联、调试、检验、包装入库等各道工序的工艺流程，是完成产品的部件，整机的机械装配和电气装配的指导性工艺文件，如图 1-69 所示。

		装配工艺过程卡片						产品名称		名称	
								产品图号		图号	
		装入件及辅助材料			工作地	工序号	工种	工序内容及要求		设备及工装	工时定额
	序号	代号、名称	数量								
旧底图型号											
底图型号					拟制						
					审核						
日期	签名										
					标准化						
	更改标记	数量		更改单号	签名	日期	批准			第 页 共 页	

图 1-69 装配工艺过程卡片

7. 工艺说明及简图卡

工艺说明及简图卡可作为任何一种工艺过程的续卡，它用简图、流程图、表格及文字形式进行说明，也可用于编制规定以外的其他工艺过程，如调试说明、检验要求、各种典型工艺文件等，如图 1-70 所示。

			名称			编号或图号		
		工艺说明及简图						
			工序名称			工序编号		
使用性								
旧底图型号								
底图型号	更改标记	数量	文件号	签名	日期	签名	日期	第　页
						拟制		
						审核		共　页
日期	签名							
							第　册	第　页

图 1-70　工艺说明及简图

8. 工艺文件更改通知单

工艺文件更改通知单用于对工艺文件的内容做永久性修改，如图 1-71 所示。

更改单号	工艺文件更改通知单	产品名称或型号		零部件名称		图号	第 页 共 页
生效日期	更改原因	通知单的分发		处理意见			
更改标记	更改前		更改标记	更改后			

拟制		日期		审核		日期		标准化		日期		批准		日期	

图 1-71 工艺文件更改通知单

实训 1　生产物料的识别与检测

1. 实训目的

（1）能够识别表面组装元器件，表面组装印制电路板，对 SMT 材料有感性认识。

（2）掌握常见的 SMT 物料的识别方法。

（3）掌握表面组装元器件，表面组装印制电路板在 SMT 生产中的作用。

2. 实训要求

（1）进入 SMT 实训室要穿戴防静电工作服和防静电鞋。

（2）必须在指导老师的指导下操作设备、仪器、工具和设备。

（3）与实训无关的物品不要带入实训基地，保持室内的环境卫生。

3. 实训设备、工具和材料

（1）设备：电阻、电容、电感测量设备。

（2）工具：放大镜。

（3）材料：

① SMC:电阻器、电容器、电感器。

② SMD:二极管、三极管。

③ 集成电路 IC:SOT、SOP、PLCC、QFP、BGA。

④ 连接器、继电器、滤波器、开关。

4. 实训内容

（1）讲解和演示表面组装元器件 SMC/SMD 的包装、标识、规格、封装。

（2）讲解和演示表面组装印制电路板 SMB 的组成和检测。

5. 实训报告

思考与习题 1

1. 什么是 SMT？SMT 与 THT 有何区别？

2. 简述 SMT 生产线的构成。

3. 简述 SMT 的基本工艺流程。

4. 典型表面组装方式有哪些？

5. 简述 SMT 生产环境的要求。

6. 静电对电子产品的危害有哪些？

7. 简述静电防护的措施。

8. 描述 5S 管理的内容和具体实施步骤。

9. 什么是工艺文件？在 SMT 生产过程中有哪些工艺文件？

10. 简述表面组装元器件的分类。

11．矩形片式元件主要以外形尺寸长和宽命名，试写出常见片式元件的英制、公制规格（至少 4 种），并以其中一组为例，写出其具体尺寸。

12．表面组装元器件的引脚有哪些形式，各自特点是什么？并将常见的元器件按照引脚形状进行分类。

13．简述表面组装元器件的包装形式，各种包装适用于哪些元器件？

14．表面组装印制电路板与通孔插装印制电路板相比有哪些特点？

15．简述表面组装印制电路板基准点的分类、形状及位置分布情况。

项目 2

SMT 锡膏印刷操作

教学导航

知识目标	✧ 掌握焊锡膏的组成及分类； ✧ 掌握焊锡膏的特性及使用方法； ✧ 了解模板的制作工艺； ✧ 掌握模板的设计方法； ✧ 掌握印刷工艺的过程及参数设置； ✧ 掌握印刷机的操作方法； ✧ 掌握印刷常见的缺陷
能力目标	✧ 能够正确选用和使用焊锡膏； ✧ 能够正确设计模板的开口尺寸； ✧ 能够根据生产实际，正确设置印刷参数； ✧ 能够正确操作印刷机； ✧ 能够针对印刷的缺陷，分析原因并提出解决办法
重点难点	✧ 焊锡膏的使用方法； ✧ 模板的设计方法； ✧ 印刷机操作方法； ✧ 印刷操作参数的设置； ✧ 常见印刷缺陷及产生原因
学习方法	✧ 结合焊锡膏实物学习焊锡膏的特性和使用方法； ✧ 结合模板实物学习模板的开口设计； ✧ 结合印刷机学习印刷机的操作方法； ✧ 通过实际生产操作，掌握印刷工艺常见的问题及解决措施

项目分析

表面组装印刷技术是表面组装工艺技术的重要组成部分，在整个制造工艺过程中有举足轻重的作用，印刷质量的好坏，直接或间接影响 SMT 组件的功能和可靠性。据不完全统计，SMT 不良缺陷有 60%～70%是由于印刷直接或间接因素引起的。

本项目主要介绍锡膏印刷材料焊锡膏及其使用方法；锡膏印刷工具模板的使用；手动印刷及自动印刷机操作。

2.1　焊锡膏的使用

焊锡膏（Solder Paste），又称焊膏、锡膏，是由合金粉末、糊状焊剂和一些添加剂混合而成的具有一定黏性和良好触变特性的浆料或膏状体。它是 SMT 工艺中不可缺少的焊接材料，广泛应用于回流焊中。常温下，由于焊锡膏具有一定的黏性，可将电子元器件粘贴在 PCB 的焊盘上，在倾斜角度不是太大，也没有外力碰撞的情况下，一般元件是不会移动的，当焊锡膏加热到一定温度时，焊锡膏中的合金粉末熔融再流动，液体焊料润湿元器件的焊端与 PCB 焊盘，在焊接温度下，随着溶剂和部分添加剂挥发，冷却后元器件的焊端与焊盘被焊料互连在一起，形成电气与机械相连接的焊点。

1. 焊锡膏的组成

焊锡膏主要由合金焊料粉末和助焊剂组成。焊锡膏中合金焊料颗粒与助焊剂（Flux）的体积之比约为 1∶1，其中合金焊料粉占总重量的 85%～90%，助焊剂占 15%～10%，即重量之比约为 9∶1。

1）合金焊料粉末

常用的合金焊料粉末有锡铅（SnPb）、锡铅银（SnPbAg）、锡铅铋（SnPbBi）和锡银铜（SnAgCu）等，常用的合金成分为 Sn63Pb37 及 Sn62Pb36Ag2。不同合金比例有不同的熔化温度。以 Sn-Pb 合金焊料为例，对应合金成分为 Sn63Pb37，它的熔点为 183 ℃。而 SnAg3.0Cu0.5 的熔点为 216 ℃。

合金焊料粉末的形状、粒度和表面氧化程度对焊锡膏性能的影响很大。合金焊料粉末按形状分为无定形和球形两种。球形合金粉末的表面积小、氧化程度低、制成的焊锡膏具有良好的印刷性能。合金焊料粉末的粒度一般为 200～400 目，要求锡粉颗粒大小分布均匀。在国内的焊料粉或焊锡膏生产厂，经常用分布比例衡量其均匀度：以粒径为 25～45 μm 的合金焊料粉为例，通常要求粒径为 35 μm 的颗粒分布比例为 60%，粒径在 35 μm 以下及以上部分各占 20%左右。合金焊料粉末的粒度愈小，黏度愈大；粒度过大，会使焊锡膏黏结性能变差；粒度太细，则由于表面积增大，会使表面含氧量增高，也不宜采用。

2）助焊剂

在焊锡膏中，糊状助焊剂是合金粉末的载体，其中的活化剂主要起清除被焊材料表面及合金粉末本身氧化膜的作用，同时具有降低锡、铅表面张力的功效，使焊料迅速扩散并附着在被焊金属表面。黏结剂起到加大锡膏黏附性并保护和防止焊后 PCB 再度氧化的作用。

为了改善印刷效果和触变性，焊锡膏还需加入触变剂和溶剂。触变剂主要是用来调节焊锡膏的黏度及印刷性能，防止在印刷中出现拖尾、粘连等现象；溶剂在焊锡膏的搅拌过程中起调节均匀的作用，对焊锡膏的寿命有一定的影响。助焊剂的组成对焊锡膏的扩展性、润湿性、塌陷、黏度变化、清洗性质、焊珠飞溅及储存寿命均有较大影响。焊锡膏的组成如表 2-1 所示。

表 2-1　焊锡膏组成

组　　成		使用的主要材料	功　　能
合金焊料粉		Sn-Pb，Sn-Ag-Cu 等	元器件和电路的机械和电气连接
助焊剂	焊剂	松香，合成树脂	净化金属表面，提高焊料浸润性
	黏结剂	松香，松香脂，聚丁烯	提供贴装元器件所需黏性
	活化剂	硬脂酸，盐酸，联氨，三乙醇胺	净化金属表面
	溶剂	甘油，乙二醇	调节焊锡膏特性
	触变剂		防止分散，防止塌边

2. 焊锡膏的分类

1）按合金焊料粉的熔点分类

焊锡膏按熔点分高温焊锡膏（217 ℃以上）、中温焊锡膏（173～200 ℃）和低温焊锡膏（138～173 ℃）；最常用的焊锡膏熔点为 178～183 ℃，随着所用金属种类和组成的不同，焊锡膏的熔点可提高至 250 ℃以上，也可降至 150 ℃以下，可根据焊接所需温度的不同，选择不同熔点的焊锡膏。

2）按焊锡膏的活性分类

焊锡膏中通常含有卤素或有机酸成分，它能迅速消除被焊金属表面的氧化膜，降低焊料的表面张力，使焊料迅速铺展在被焊金属表面，但焊锡膏的活性太高也会引起腐蚀等问题，这需要根据产品的要求进行选择。按焊锡膏的活性可分为：活性（RA）、中等活性（RMA）、无活性（R）等类别，如表 2-2 所示。

表 2-2　焊锡膏活性分类

类　型	性　　能	用　　途
RA	活性，松香型	消费类电子
RMA	中等活性	一般 SMT
R	非活性，水白松香	航天、军事

3）按焊锡膏的黏度分类

焊锡膏黏度的变化范围很大，通常为 100～600 Pa·s，最高可达 1 000 Pa·s 以上。使用时依据施膏工艺手段的不同进行选择，如表 2-3 所示。

表 2-3　焊锡膏黏度分类

合金粉含量（%）	黏度值（Pa·s）	应用范围
90	350～600	模板印刷
90	200～350	丝网印刷
85	100～200	分配器

4）按焊锡膏的清洗方式分类

（1）有机溶剂清洗类。如传统松香焊膏（其残留物安全无腐蚀性）或含有卤化物或非卤化物活化剂的焊膏。

（2）水清洗类。活性强，可用于难以钎焊的表面，焊后残渣易于用水清除，使用此类焊锡膏印刷网板寿命长。

（3）半水清洗和免清洗类。一般用于半水清洗和免清洗的焊锡膏不含氯离子，有特殊的配方，焊接过程要氮气保护，其非金属固体含量极低，焊后残留物少到可以忽略，减少了清洗的要求。

3. 表面组装对焊锡膏的要求

1）焊锡膏应具有良好的保存稳定性

焊锡膏制备后，印刷前应能在常温或冷藏条件下保存 3～6 个月而性能不变。

2）印刷时和回流加热前应具有的性能

（1）印刷时应具有优良的脱模性。

（2）印刷时和印刷后焊锡膏不易坍塌。

（3）焊锡膏应具有合适的黏度。

3）回流加热时应具有的性能

（1）具有良好的润湿性。

（2）不形成或形成最少量的焊料球（锡珠）。

（3）焊料飞溅要少。

4）回流焊接后应具有的性能

（1）要求焊剂中固体含量越低越好，焊后易清洗干净。

（2）焊接强度高。

4. 焊锡膏的选择方法

（1）焊锡膏的活性可根据印制板表面清洁程度来决定，一般采用 RMA 级，必要时采用 RA 级。

（2）根据不同的涂覆方法选用不同黏度的焊锡膏，一般的焊锡膏分配器用黏度为 100～200 Pa·s，丝网印刷用黏度为 100～300 Pa·s，漏印模板印刷用黏度为 200～600 Pa·s。

（3）精细间距印刷时选用球形、细粒度焊锡膏。

（4）双面焊接时，第一面采用高熔点焊锡膏，第二面采用低熔点焊锡膏，保证两者相差 30～40 ℃，以防止第一面已焊元器件脱落。

（5）当焊接热敏元件时，应采用含铋的低熔点焊锡膏。

（6）采用免洗工艺时，要用不含氯离子或其他强腐蚀性化合物的焊锡膏。

5. 焊锡膏使用操作指导书

（1）焊锡膏在入厂之后在瓶身标签口注明冷藏编号，然后依次放置于冰箱内冷藏，以便遵循先进先出的原则。

（2）焊锡膏冷藏使用期限为 3 个月，冷藏控制温度为 2～10 ℃。

（3）拆封后的锡膏在 1～2 h 用完，拆封后锡膏有效期为 10 天，超过 10 天报废处理。

（4）将焊锡膏从冰箱里拿出，贴上控制使用标签，并填上回温开始时间和签名。焊锡膏需完全解冻方可开盖使用，解冻时间规定为 6～12 h。如未回温完全便使用，焊锡膏会冷凝空气中的水汽，造成坍塌、锡爆等问题。

（5）焊锡膏使用前应先在罐内进行充分搅拌，搅拌方式有两种。

① 机器搅拌的时间一般为 3～4 min；

② 人工搅拌焊锡膏时，要按同一方向搅拌，以免锡膏内混有气泡，搅拌时间为 2～3 min。

（6）印刷焊锡膏过程在温度为 18～24 ℃、湿度为 40%～50%的环境下作业最好，不可有冷风或热风直接对着吹，温度超过 26.6 ℃，就会影响焊锡膏的性能。

（7）已开盖的焊锡膏原则上应尽快用完，如果不能做到这一点，可在工作日结束后将钢模上剩余的焊锡膏装入一空罐内，留待下次使用。

（8）印刷后尽量在 4 h 之内完成回流焊。

（9）免清洗焊锡膏修板后不能用酒精擦洗。

（10）需要清洗的产品，回流焊后应在当天完成清洗。

使用焊锡膏时的注意事项如下。

（1）焊锡膏对人体有害，勿溅到手上或眼中。

（2）不同线别、不同机种依据生产需求选择不同型号、品牌的焊锡膏。

（3）焊锡膏过期及变质应停止使用。

（4）不同品牌、型号的焊锡膏严禁混合使用。

（5）已印上焊锡膏的 PCB 在空气中放置超过 30 min 必须清洗干净。

（6）冷藏的焊锡膏不宜与冰箱壁相靠，以免影响整体温度。

2.2 模板的使用

模板（Stencil），又称网板或漏板，它用来定量分配焊锡膏，是焊锡膏印刷的关键工具之一。由于焊锡膏的印刷来源于丝网印刷技术，因此早期的焊锡膏印刷多采用丝网印刷技术。但由于丝网制作的漏板，其窗口开口面积要被丝网本身占用一部分，即开口率达不到100%，不适合焊锡膏印刷工艺，因此很快被金属模板所取代。此外，丝网漏板的使用寿命也远远不及金属模板，目前基本上使用的是模板印刷技术。

2.2.1　模板的结构

模板的结构如图 2-1 所示，其外框是铸铝框架（或铝方管焊接而成），中心是金属模板，框架与模板之间依靠张紧的丝网相连接，呈"钢—柔—钢"的结构。这种结构确保金属模板既平整又有弹性，使用时能紧贴 PCB 表面。铸铝框架上备有安装孔，供印刷机上夹装之用，通常钢板上的图形离钢板的外边缘约 50 mm，以供印刷机刮刀运行需要，丝网的宽度为 30～40 mm，以保证钢板在使用中有一定的弹性。常用做模板的金属材料有锡磷青铜和不锈钢两种。锡磷青铜模板价格便宜，材料易得，特别是窗口壁光滑，便于漏印锡膏，但使用寿命不及不锈钢模板长。不锈钢制作的模板坚固耐用，寿命长，但窗口壁光滑性不够，不利于漏印锡膏，价格也比较贵。目前这两类材料制成的模板均有使用，但以不锈钢模板居多。

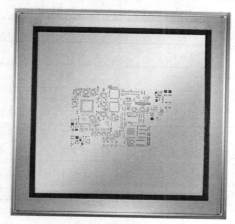

图 2-1　模板的结构

2.2.2　模板的制造方法

按照模板的制造方法分为化学蚀刻模板、激光模板和电铸模板。

1. 化学蚀刻法

化学蚀刻制造的金属模板是最早采用的方法，由于价格低廉，至今还在使用。其制造过程是：首先制作两张菲林膜，上面的图形按一定比例缩小，然后在金属板上两面贴好菲林膜，通过菲林膜对其正反曝光，再经过双向腐蚀，最后将它胶合在网框上，经整理后就可以制得金属模板。

2. 激光切割法

激光切割制造模板是 20 世纪 90 年代出现的方法，它利用微机控制 CO_2 和 YAG 激光发生器，像光绘一样直接在金属模板上切割窗口。这种方法具有精度高、窗口尺寸好、工艺简单、周期短等优点，但当窗口尺寸密集时，有时会出现局部高温，影响钢板的光洁度。激光切割法是目前不锈钢模板的主要制造方法。

3. 电铸成形法

随着表面组装元器件引脚越来越多，间距越来越细，对模板的质量也提出了更高的要求，也就出现了电铸法制造模板的方法，具体制造过程是：在一块平整的基板上，通过感光的方法制得窗口图像的负像，然后将基板放入电解质溶液中，基板接电源负极，用镍做阳极，经过数小时后，镍在基板非焊盘区沉积，达到一定厚度后与基板剥离，形成模板。这种方法制造的模板精度高，窗口内壁光滑，有利于焊锡膏在印刷时顺利通过。

三种模板制造方法的技术性能比较如表 2-4 所示。

表 2-4　三种模板制造方法的技术性能比较

方　　法	化学腐蚀法	激光切割法	电铸成形法
基材	黄铜或不锈钢	不锈钢	硬镍
板厚范围（mm）	≤0.25	≤0.50	≤0.20
厚度误差（μm）	3～5	3～5	8～10
位置精度（μm）	±25	±10	±25
空粗糙度（μm）	3～4	3～4	1～2
最小开孔（mm）	0.25	0.1	0.15
优点	价格低廉，易加工	尺寸精度高，窗口形状好	尺寸精度高，窗口形状好，孔壁光滑
缺点	窗口图形不好，孔壁不光滑，模板尺寸不宜太大	价格较高，孔壁有时会有毛刺	价格昂贵，制作周期长
适用对象	0.65mmQFP 以上元件的生产	0.5mmQFP 以上元件的生产	0.3mmQFP 以上元件的生产

2.2.3　模板的设计

模板基材厚度及窗口尺寸大小直接关系到焊膏印刷量，从而影响到焊接质量。模板基材厚度和窗口尺寸过大会造成焊膏施放量过多，易造成"桥接"。窗口尺寸过小，会造成焊膏施放量过少，会产生"虚焊"。因此 SMT 生产中应重视模板的设计。

1. 模板开口设计主要参数

开口率=模板开口面积/焊盘面积×100%。开口率与焊盘设计尺寸有关，同样封装尺寸的元器件，同样的开口率由于焊盘设计尺寸的不同会得到不同尺寸的模板开口。

宽厚比=窗口的宽度/模板的厚度=W/H，W 是窗口的宽度，H 是模板的厚度。宽厚比参数主要适合验证细长形窗口模板的漏印性。

面积比=窗口的面积/窗口孔壁的面积=$(L×W)/2×(L+W)×H$，L 是窗口的长度。面积比参数主要适合验证方形/圆形窗口模板的漏印性。

在印刷锡铅焊膏时，当宽厚比≥1.6、面积比≥0.66 时，模板具有良好的漏印性；而在印刷无铅焊膏时，当宽厚比≥1.7、面积比≥0.7 时，模板才有良好的漏印性。

2. 模板窗口的形状与尺寸

为了得到高质量的焊接效果，近几年来人们对模板窗口形状与尺寸做了大量研究，将形状为长方形的窗口改为圆形或尖角形，其目的是防止印刷后或贴片后因贴片压力过大使

锡膏铺展到焊盘外边，导致回流焊后焊盘外边的锡膏形成小锡球并影响到焊接质量。防锡珠的模板窗口形状如图 2-2 所示。

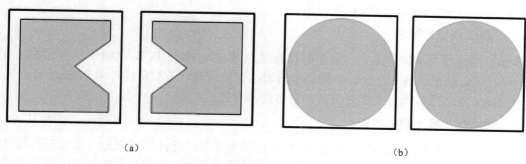

（a）　　　　　　　　　　　　　　　　　　（b）

图 2-2　防锡珠的模板窗口形状

在印刷无铅焊膏时可直接按焊盘设计尺寸来作为窗口尺寸，必要时还可适当增大尺寸。对于间距>0.5 mm 的元器件，一般采用 1∶1.02～1∶1.1 的开口；对于间距≤0.5 mm 的元器件，一般采用 1∶1 的开口，原则上至少不用缩小。

3．模板的厚度

模板厚度直接关系到焊膏印刷后的质量，一般模板开口尺寸及厚度如表 2-5 所示。

表 2-5　一般模板开口尺寸及厚度

元器件	间距/mm	焊盘宽度/mm	开口宽度/mm	开口长度/mm	模板厚度/mm
QFP	0.64	0.35	0.32	1.45	0.15～0.18
SOIC	0.50	0.25	0.22	1.20	0.12～0.15
SOJ	0.40	0.25	0.20	1.20	0.10～0.12
2012		1.25	1.20	2.00	0.15～0.20
1608		1.60	0.80	1.60	0.15～0.20
1005		0.50	0.45	0.60	0.12～0.15
603		0.25	0.23	0.35	0.07～0.12
PLCC	1.27	0.65	0.60	1.95	0.15～0.25
BGA	1.00	0.63	0.56		0.07～0.10
CSP	0.50	0.30	0.28		0.07～0.12

2.2.4　模板制造规范

1．制作方法

模板制作采用激光切割（Laser-cut）法。

2．模板厚度

模板厚度为 0.15 mm。

3. 制作精度要求

0402 组件、BGA、0.5 mm 间距 QFP 的模板开口误差必须保证为-0.01～0.01 mm，其余组件开口误差保证为-0.02～0.02 mm。

4. Mark 点制作要求

Mark 点采用半刻制作工艺，最小制作数量为 3 点。如果 PCB 上两条对角线各有两个 mark 点，则必须把这四个点全部半刻制作出来；如果只有一条对角线有两个 mark 点，则另外一个 mark 点选点需满足到此对角线的垂直距离最短。

5. 模板制作需考虑的组件

（1）1.27 mm Pitch BGA/MPGA 模板开孔基本规则：开孔形状圆形，所有开孔尺寸在 gerbera 设计的基础上将直径缩小 5%；特殊方法使用于锡球间短路较多的状况；开孔形状圆形，设定焊盘的直径为 S_1，模板开孔直径为 S_2，开孔方式如下。

$S_1 > 0.55$ mm，则 $S_2 = 0.55$ mm；

0.5 mm $\leqslant S_1 \leqslant 0.55$ mm，则 $S_2 = 0.5$ mm；

$S_1 < 0.5$ mm，则 $S_2 = 0.48$ mm。

（2）1.00 mm Pitch BGA /MPGA 模板开孔基本规则：开孔形状圆形，所有开孔尺寸与 Gerber 设计的直径相同，特殊方法适用于锡球间短路较多的情况，开孔形状圆形，设定焊盘的直径为 S_1，模板开孔直径为 S_2，开孔方式如下。

$S_1 > 0.55$ mm，则 $S_2 = 0.55$ mm；

0.5 mm $\leqslant S_1 \leqslant 0.55$ mm，则 $S_2 = 0.5$ mm；

$S_1 < 0.5$ mm，则 $S_2 = 0.46$ mm。

（3）0.5mm Pitch QFP 模板开孔基本规则：所有开孔宽度在 Gerber 设计的基础上缩小 10%；特殊方法适用于短路较多的情况，依据引脚长度 S 的不同，采用不同的模板开孔尺寸。

$S \geqslant 0.8$ mm 时，模板开孔长度为 2.0 mm，宽度为 0.23 mm；

$S < 0.8$ mm 时，模板开孔长度为 1.8 mm，宽度为 0.23 mm。

2.3 印刷机操作

2.3.1 表面组装印刷技术工艺流程

表面组装印刷技术采用将已经制好的模板或网板和印刷机直接接触，并使锡膏在模板上均匀滚动，由模板图形注入网孔。当模板离开印制电路板时，锡膏就以模板上图形的形状从网孔脱落到印制电路板相应的焊盘图形上，从而完成锡膏在印制电路板上的印刷，具体的表面组装印刷技术的工艺流程：定位→填充刮平→释放→擦网，如图 2-3 所示。

（1）定位：印制电路板通过自动上板机传输到印刷机内，首先由两边导轨夹持和底部支撑进行机械定位，然后通过光学识别系统对印制电路板和模板进行识别校正，从而保证模板窗口和印制电路板的焊盘准确对位。

（2）填充刮平：刮刀带动焊膏经过窗口区，在这一过程中，必须让焊膏进行良好的滚动和良好的填充，多余的焊膏由刮刀带走并整平。

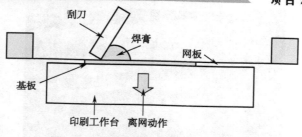

图 2-3 表面组装印刷技术的工作流程

（3）释放：释放是指将印好的焊膏由模板窗口转移到印制电路板焊盘上的过程，良好的释放可以保证得到良好的焊膏外形。

（4）擦网：擦网是指将残留在模板底部和窗口内的焊膏清除的过程，可以采用手工和机器擦拭两种方式进行擦网操作。

2.3.2 表面组装印刷机及分类

表面组装印刷机是用来印刷焊锡膏或贴片胶，并将焊锡膏或贴片胶正确地漏印到印制电路板相应的位置上。当前，用于印刷焊膏的印刷机品种繁多，主要分为以下几类。

（1）手动印刷机。手动印刷机的各种参数和操作均需要人工调节与控制，主要用于小批量生产和难度不高的产品中。

（2）半自动印刷机。半自动印刷机除了 PCB 装夹过程是人工放置以外，其余操作机器可连续完成，但第一块 PCB 与模板窗口位置是通过人工来对中的。

（3）全自动印刷机。全自动印刷机通常装有光学对中系统，通过对 PCB 和模板上对中标志的识别，可以自动实现模板窗口和 PCB 焊盘的自动对中，在 PCB 自动装载后，能实现全自动运行。但印刷机的多种工艺参数，如刮刀速度、刮刀压力、模板和 PCB 之间的间隙仍需要人工设定。

2.3.3 表面组装印刷机组成

表面组装印刷机基本都由基板夹持机构（工作台）、PCB 定位系统、刮刀系统、模板固定装置和模板清洁装置，以及为保证印刷精度而配置的其他选件等组成。印刷机必须结构牢固，具有足够的刚性，满足精度要求和重复性要求。

1. 基板夹持机构

基板夹持机构，包括工作台面、夹持机构、工作台传输控制机构等，用来夹持 PCB，使之处于适当的印制位置，如图 2-4 所示。

2. PCB 定位系统

带双面真空吸盘的工作台，可用来印制双面板。PCB 的定位一般采用孔定位方式，再用真空吸紧。工作台的 X、Y、Z 轴均可微调，以适合不同种类 PCB 的要求和精确定位。

PCB 的放进和取出方式有两种：一种是将整个刮刀机构连同网板抬起，将 PCB 拉进或取出，采用这种方式时 PCB 的定位精度不高；另一种是刮刀机构及模板不动，PCB "平进平出"，使模板与 PCB 垂直分离，这种方式的定位精度高，印制焊膏形状好。

图 2-4　基板夹持机构

图 2-5　PCB 定位系统

3. 刮刀系统

刮刀系统是印刷机上最复杂的运动机构，主要包括刮刀、刮刀固定机构、刮刀的传输控制等，如图 2-6 所示。刮刀系统的功能是使焊膏在整个网板面积上扩展为均匀的一层，刮刀按压网板，使网板与 PCB 接触；刮刀推动模板上的焊膏向前滚动，同时使焊膏充满模板开口；当模板脱开 PCB 时，在 PCB 上相对于模板图形处留下适当厚度的焊膏。

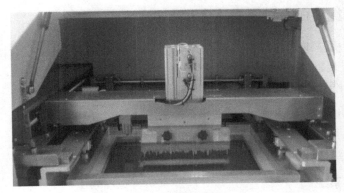

图 2-6　刮刀系统

刮刀可分为金属刮刀和橡胶刮刀。用橡胶制作的刮刀时，当刮刀压力太大或材料较软时，易嵌入金属模板的孔中，并将孔中锡膏挤出，从而造成印刷图形的凹陷，印刷效果不良。金属刮刀由高硬度合金制成，非常耐用，耐磨，耐弯折，并在刀刃上涂覆润滑膜。当刀刃口在模板上运行时，焊膏能被轻松地推入窗口中，消除了焊料凹陷和高低起

伏现象。

4. 模板固定装置

如图 2-7 所示为一个滑动式模板固定装置的结构示意图。松开锁紧杆，调整模板（钢网）安装框，可以安装或取出不同尺寸的模板。安装模板时，将模板放入安装框中，抬起一点，轻轻向前滑动，然后锁紧，每种印刷设备都有安装模板允许的最大和最小尺寸。超过最大尺寸则不能安装，小于最小尺寸可通过钢网适配器来配合安装。

图 2-7　滑动式模板固定装置系统

5. 模板清洁装置

滚筒式卷纸模板清洁装置，能有效的清洁模板背面和开孔上的焊膏微粒和助焊剂。装在机器前方的卷纸可以更换、维护。为了保证干净的卷纸清洁模板并防止卷纸浪费，上部的滚轴由带刹车的电机控制。内部设有溶剂喷洒装置，清洁溶剂的喷洒量可以通过控制旋钮进行调整，如图 2-8 所示。

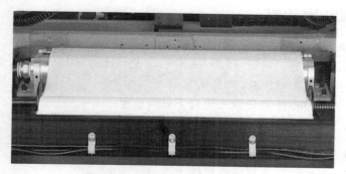

图 2-8　滚筒式卷纸模板清洁装置

2.3.4　印刷编程参数设置

1. 刮刀夹角

刮刀夹角影响到刮刀对焊锡膏垂直方向力的大小，可以通过改变刮刀角度改变所产生的压力。刮刀角度的最佳设定应为 45°～60°，此时焊锡膏有良好的滚动性。

2. 刮刀速度

刮刀速度快，焊锡膏所受的力也大。但如果刮刀速度过快，焊锡膏就不能滚动而仅在印刷模板上滑动。最大的印刷速度应保证 QFP 焊盘焊锡膏印刷纵横方向均匀、饱满，通常当刮刀速度控制为 20～40 mm/s 时，印刷效果较好。有的印刷机具有刮刀旋转 45°的功能，以保证细间距 QFP 印刷时四周焊锡膏量均匀。

3. 刮刀压力

刮刀的压力即通常所说的印刷压力，印刷压力不足会引起焊锡膏刮不干净且导致 PCB 上焊锡膏量不足，如果印刷压力过大又会导致模板背后的渗漏，同时也会引起丝网或模板不必要的磨损。理想的刮刀速度与压力应该以正好把焊锡膏从钢板表面刮干净为准。

4. 刮刀宽度

如果刮刀相对于 PCB 过宽，那么就需要更大的压力、更多的焊锡膏参与其工作，因而会造成焊锡膏的浪费。一般刮刀的宽度为 PCB 长度加上 50 mm 为最佳。

5. 印刷间隙

采用漏印模板印刷时，通常保持 PCB 与模板零距离，部分印刷机器还要求 PCB 平面稍高于模板的平面，调节后模板的金属模板微微被向上撑起，但此撑起的高度不应过大，否则会引起模板损坏，从刮刀运行动作上看，刮刀在模板上运行自如，既要求刮刀所到之处焊锡膏全部刮走，不留多余的焊锡膏，同时刮刀又不能在模板上留下划痕。

6. 分离速度

焊锡膏印刷后，钢板离开 PCB 的瞬时速度是关系到印刷质量的参数，其调节能力也是体现印刷机质量好坏的参数，在精密印刷中尤其重要。早期印刷机采用恒速分离，先进的印刷机在其钢板离开焊锡膏图形时有一个极短的停留过程，以保证获取最佳的印刷图形。

2.3.5 印刷机操作流程

1）开机前，必须对机器进行检查

（1）检查 UPS、稳压器、电源（220 V±10%）、空气压力（0.39 MPa）是否正常。

（2）检查紧急按钮是否被切断。

（3）检查 X、Y、Table 上及周围部位有无异物放置。

2）开机步骤

（1）合上电源开关，待机器启动后，进入机器界面。

（2）单击"原点"按钮，执行原点复位。

（3）编制（调用）生产程序。

（4）程序 OK，试生产。

（5）试生产 OK，转入连续生产。

3）关机步骤

（1）生产结束后，退出程序。

（2）将刮刀移至前端。

（3）推出钢网，卸下刮刀。

（4）单击"系统结束"按钮，关闭主电源开关。

4）注意事项

（1）严禁两人或两人以上人员同时操作同一台机器。

（2）操作人员必须每天清洁机身及工作区域。

（3）机器在正常运行生产时，所有防护门盖严禁打开。

（4）实施日保养后需填写保养记录表。

2.3.6　印刷机编程操作

这里以 MPM 印刷机为例介绍印刷机的操作步骤。

（1）系统工具设置，单击"Utilities"按钮，在"系统工具设定"面板中，对印刷方向、锡膏参数、模板工具、支撑点工具等参数进行设置，如图 2-9～图 2-12 所示。

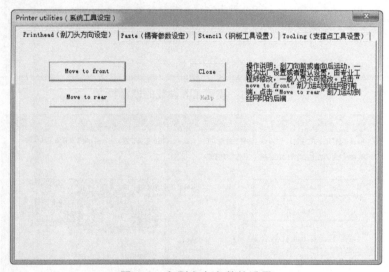

图 2-9　印刷方向参数的设置

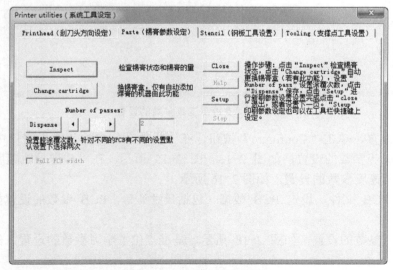

图 2-10　锡膏参数的设置

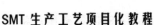

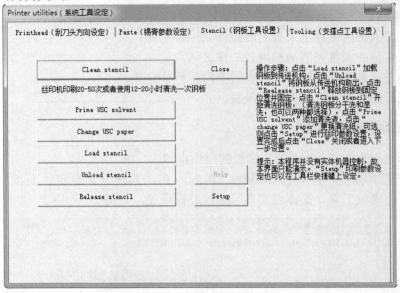

图 2-11　模板工具参数的设置

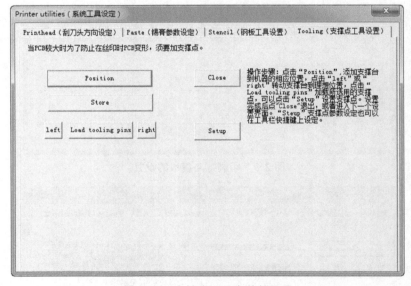

图 2-12　支撑点工具参数的设置

（2）机器设置，单击"Configure"按钮，在"机器动作参数设定"窗口中进行基板方向、进板、出板等参数的设置，如图 2-13～图 2-15 所示。在"传送导轨速度设定"窗口中，进行传送带速度参数的设置，如图 2-16 所示。

（3）读入 PCB 文件，设定 PCB 数据（包括尺寸）等，PCB 参数的设置如图 2-17 所示。

（4）基准点参数的设置，如图 2-18 所示，基准点位置学习参数的设置，如图 2-19 所示。

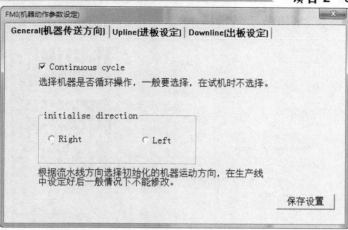

图 2-13　基板方向参数的设置

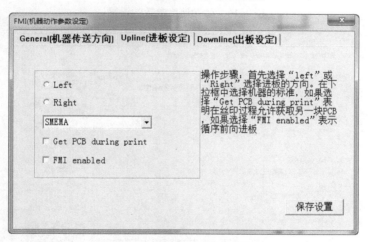

图 2-14　进板参数的设置

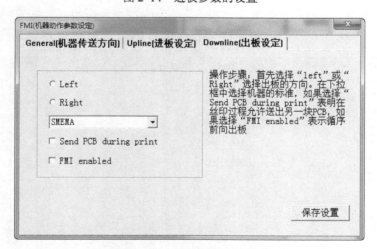

图 2-15　出板参数的设置

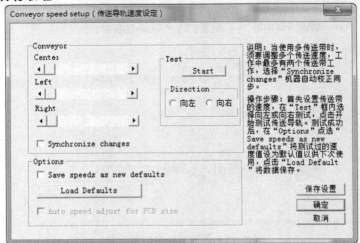

图 2-16　传送速度参数的设置

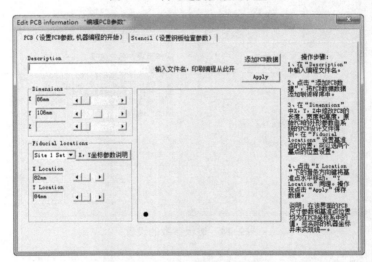

图 2-17　PCB 参数的设置

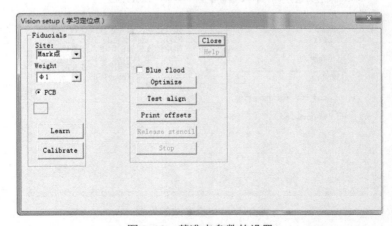

图 2-18　基准点参数的设置

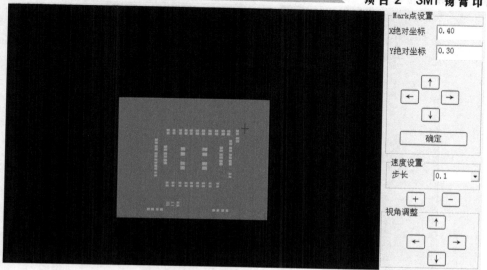

图 2-19　基准点位置学习参数的设置

（5）印刷参数的设置，如图 2-20 所示。

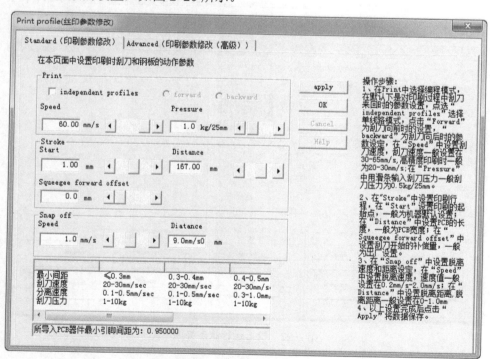

图 2-20　印刷参数设置

（6）清洗参数的设置，如图 2-21 所示。

（7）生产设置。机器运行状态界面，如图 2-22 所示，检测机器状态界面如图 2-23 所示。

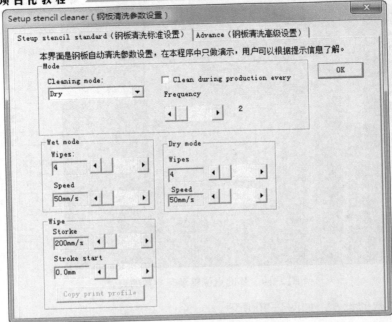

图 2-21　清洗参数的设置

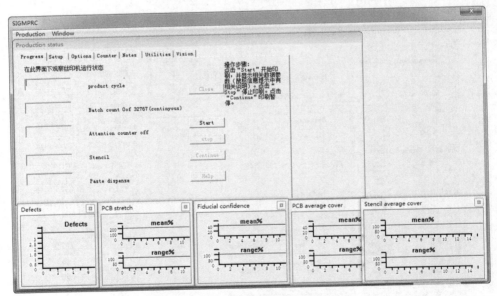

图 2-22　机器运行状态界面

2.4　印刷质量检验

1.　表面组装印刷检验操作步骤

（1）从印刷机上接出刮好浆的 PCB，检查板面丝印情况，印刷锡浆与焊盘一致，无短路、少锡、涂污、塌陷等现象。

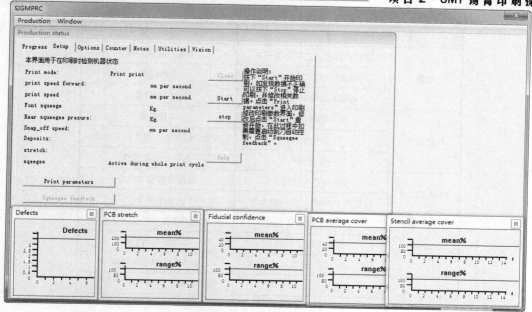

图 2-23 检测机器状态界面

（2）锡尖高度不超过丝印高度或覆盖面积不超过丝印面积的 10%时可接受。

（3）锡孔深不超过丝印厚度的 50%或锡孔面积不超过丝印面积的 20%可接受。

（4）Chip 焊盘垂直方向和平行方向位移不超过焊盘宽的 1/3。

（5）IC、排插等有脚部件的引脚焊盘，锡浆位移应小于焊盘宽的 1/4。

（6）IC、排插等有脚部件的锡浆不能出现短路、污染、塌陷的不良现象。

（7）板面要清洁，无残余锡浆、杂物。

（8）接板时戴上静电手腕，拿取板边。

（9）重点检查 IC 位置丝印效果。

（10）发现丝印不良，立即会同工程师解决，同种丝印不良 3 次以上时，生产部、产品工程部采取改善行动。

2. 表面组装印刷常见问题及解决措施

在表面组装印刷工艺中常常出现桥连、位移、缺焊锡膏、焊锡膏偏多及塌陷等问题，具体分析与解决措施如表 2-6 所示。

表 2-6 表面组装印刷常见问题、原因与解决措施

问　题	原　因	措　施
桥连	刮刀工作面存在倾斜	调整刮刀的平行度
	印刷模板与基板之间间隙过大	调整印刷参数，改变印刷间隙
	印刷压力过大	调整刮刀压力
	刮刀角度不合适	调整刮刀角度
	模板底部有焊锡膏	清洗模板

续表

问 题	原 因	措 施
位移	模板和基板的位置对准不良	调整印刷偏移量
	模板制作不良的情况	更换模板
	印刷机印刷精度不够	调整印刷机参数
缺焊锡膏	模板的网孔被堵	清洗模板
	刮刀压力太小	调整印刷参数，增大刮刀压力
	焊锡膏流动性差	选择合适焊锡膏
焊锡膏太多	模板窗口尺寸过大	调整模板窗口尺寸
	模板与 PCB 之间的间隙太大	调整印刷参数
塌陷	焊锡膏金属含量偏低	增加焊锡膏中的金属含量
	焊锡膏黏度太低	增加焊锡膏黏度
	印刷的焊锡膏太厚	减少印刷焊锡膏厚度
厚度不一致	模板与 PCB 不平行	调整模板与 PCB 的相对位置
	焊锡膏搅拌不均匀	印刷前充分搅拌焊锡膏
发生皮层	环境温度太高	避免将锡膏暴露在湿气中
	焊锡膏的活化剂太强	降低焊锡膏中助焊剂的活性
	焊锡膏中铅含量太多	降低金属中的铅含量
模糊	焊锡膏金属含量偏低	增加金属含量百分比
	焊锡膏黏度太低	增加焊锡膏黏度
	环境温度偏低	调整环境温度
	印刷参数设置不当	调整印刷参数

实训 2 焊锡膏印刷操作

1. 实训目的

（1）掌握焊锡膏的保存和使用方法。

（2）了解印刷机的工作原理，掌握印刷工艺方法。

2. 实训要求

（1）进入 SMT 实训室要穿戴防静电工作服和防静电鞋。

（2）必须在指导老师的指导下操作设备、仪器、工具和设备。

（3）与实训无关的物品不要带入实训基地，保持室内的环境卫生。

3. 实训设备、工具和材料

（1）设备：手动印刷机，半自动印刷机。

（2）工具：六角扳手，螺丝刀。

（3）材料：焊锡膏、金属模板、刮刀、洗板水、无尘布。

4. 实训内容

（1）讲解和演示焊锡膏及其使用方法。

（2）讲解和演示自动印刷机工艺流程。

（4）讲解和演示手动印刷工艺流程。

5. 实训报告

思考与习题 2

1. 简述焊锡膏的组成及特性。
2. 简述焊锡膏的使用方法。
3. 简述模板开口设计的原则。
4. 简述模板的主要制作方法及各自优缺点。
5. 写出表面组装印刷技术的工艺流程。
6. 列出常见的表面组装印刷的缺陷并分析其原因。
7. 用鱼骨图方法分析焊锡膏印刷的缺焊、桥连及锡珠等产生的原因。

项目 3

SMT 贴装操作

教学导航

知识目标	◇ 掌握表面贴装工艺过程及工艺控制； ◇ 掌握贴片机的特性； ◇ 掌握贴片机的编程方法； ◇ 掌握贴片的常见缺陷及原因分析； ◇ 掌握贴片机的操作方法及喂料器的使用方法
能力目标	◇ 能够正确编写贴片机的程序； ◇ 能够正确操作贴片机； ◇ 能够对贴片机的程序进行优化； ◇ 能够对贴片机的缺陷进行分析，并提出解决办法
重点难点	◇ 贴片机程序编写及优化； ◇ 贴片机操作方法； ◇ 贴装工艺的常见缺陷及原因分析
学习方法	◇ 结合贴片机学习贴片机程序编写和操作方法； ◇ 通过实际操作，掌握贴装工艺的常见问题及解决办法

项目分析

表面贴装技术是保证 SMT 产品组装质量和效率的关键工序。它是将表面贴装元器件从其包装结构中取出，然后贴放到 PCB 指定的焊盘位置上，英文将这一过程称为 "Pick and Place"。完成贴装操作的机器称为贴片机，它所具有的技术性能直接影响生产效率及质量，因此，贴片机是 SMT 产品组装生产线中核心设备，它也决定着电子产品组装技术中的自动化程度。

本项目主要讲解贴片操作的工作过程，贴片机的工作原理，贴片机的编程方法，贴片机的操作及贴片质量的检测方法。

3.1 贴片机操作

3.1.1 贴片操作工艺流程

贴片操作工艺流程如图 3-1 所示。

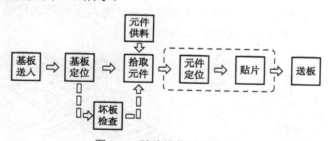

图 3-1　贴片操作工艺流程

（1）基板定位

PCB 板经过贴片机轨道到达停板位置，并且顺利、稳定、准确地停板，以便下一步进行贴片。有些设备在停板时还有减速装置，以减少停板时的冲击力。

（2）元件送料

送料器包括带式送料器、盘式送料器、管料送料器和散装送料器。

（3）元件拾取

贴片头从送料器中顺利、完整地拾取元件，与元件的大小、形状，吸嘴的大小、形状，元件的位置有关。

（4）元件定位

通过机械或光学方式确定元件的位置。

（5）元件贴放

贴片头拾取元件后把元件准确、完整地贴放到 PCB 板上。

3.1.2 贴片机的分类

常见的贴片机以日本和欧美的品牌为主，主要包括：FUJI、JUKI、YAMAHA、

SONY、SIEMENS、UNIVERSAL、PHILIPS、PANASONIC 等。按照自动化程度，贴片机可以分为全自动贴片机、半自动贴片机和手动贴片机；根据贴装速度的快慢，可以分为高速机（通常贴装速度在 5 Chips/s 以上）与中速机，而多功能贴片机（又称泛用贴片机）能够贴装大尺寸的器件和连接器等异形元器件。

1. 按照贴装元器件的工作方式分类

按照贴装元器件的工作方式，贴片机有顺序式、同时式、流水作业式和顺序—同时式四种类型，如图 3-2 所示。目前国内电子产品制造企业里，使用最多的是顺序式贴片机。

（1）流水作业式贴片机。所谓流水作业式贴片机，是指由多个贴装头组合而成的流水线式的机型，每个贴装头负责贴装一种或在电路板上某一部位的元器件。

（2）顺序式贴片机。顺序式贴片机是由单个贴装头顺序地拾取各种片状元器件，固定在工作台上的电路板由计算机进行控制，在 X→Y 方向上移动，使板上贴装元器件的位置恰好位于贴装头的下面。

（3）同时式贴片机。同时式贴片机也称多贴装头贴片机，是指它有多个贴装头，分别从供料系统中拾取不同的元器件，同时把它们贴放到电路基板的不同位置上。

（4）顺序—同时式贴片机。顺序—同时式贴片机是顺序式和同时式两种机型功能的组合。片状元器件的放置位置，可以通过电路板在 X→Y 方向上的移动或贴装头在 X→Y 方向上的移动来实现，也可以通过两者同时移动实施控制。

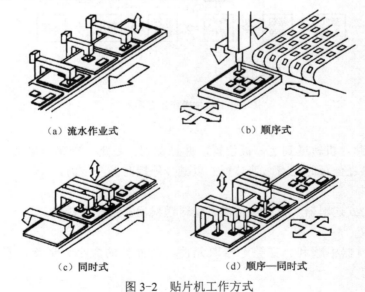

（a）流水作业式　　　　　　　　（b）顺序式

（c）同时式　　　　　　　　（d）顺序—同时式

图 3-2　贴片机工作方式

2. 按照贴片机结构分类

1）拱架型贴片机

拱架型贴片机也称动臂式贴片机，也可以称为平台式结构或过顶悬梁式结构。拱架型贴片机根据贴装头在拱架上的布置情况可以细分为动臂式、垂直旋转式与平行旋转式三种。

这种结构一般采用一体式的基础框架，将贴装头横梁的 X / Y 定位系统安装在基础框架上，线路板识别相机（俯视相机）安装在贴装头的旁边。PCB 传送到机器中间的工作平台上固定，供料器安装在传送轨道的两边，在供料器旁安装元件识别照相机。工作时，PCB 与供料器固定不动，安装有真空吸嘴的贴片头在供料器与 PCB 之间来回移动，将元件从供料器取出，经过对元件位置与方向的调整，然后贴放于 PCB 上。

拱架型贴片机因为贴装头往返移动的间隔长，所以速度受到限制。现在一般采用多个真空吸料嘴同时取料（多达十个以上）和采用双梁系统来提高速度，即一个梁上的贴装头在取料的同时，另一个梁上的贴装头贴放元件，速度几乎比单梁系统快一倍。这类机型的优点是：系统结构简单，可实现高精度，适用于各种不同大小、外形的元件，甚至异形元件，供料器有带状、管状、托盘形式。一般多功能贴片机和中速贴片机采用动臂式和垂直旋转式结构，如图 3-3 和图 3-4 所示。

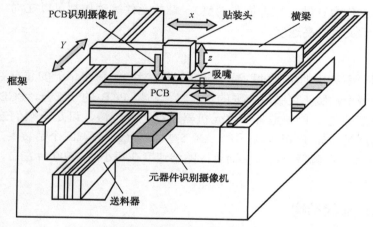

图 3-3　动臂式贴片机

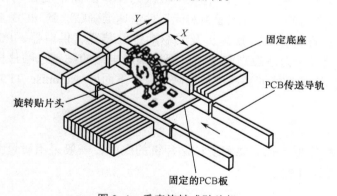

图 3-4　垂直旋转式贴片机

2）转塔式贴片机

转塔式贴片机也称射片机，它的基本工作原理为：搭载供料器的平台在贴片机左右方向不断移动，将装有待吸取元件的供料器移动到吸取位置。PCB 沿 X→Y 方向运行，使 PCB 精确地定位于规定的贴片位置，而贴片机核心的转塔携带着元件，转动到贴片位置，在运动过程中实施视觉检测，经过对元件位置与方向的调整，将元件贴放于 PCB 上，其工作示意图如图 3-5 所示。

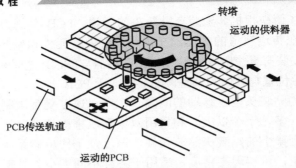

图 3-5　转塔式贴片机的工作示意图

由于转塔的特点，将贴片动作细微化，选换吸嘴、供料器移动到位、取元件、元件识别、角度调整、工作台移动（包含位置调整）、贴放元件等动作都可以在同一时间周期内完成，实现了真正意义上的高速度。

3）模块机

模块机使用一系列小的单独的贴装单元（也称模块），每个单元安装有独立的贴装头和元件对中系统。每个贴装头可吸取有限的带状料，贴装 PCB 的一部分，PCB 以固定的间隔时间在机器内步步推进。单独地各个单元机器运行速度较慢，可是，它们连续的或平行的运行会有很高的产量。如 Philips 公司的 AX-5 机器可最多有 20 个贴装头，实现了每小时 15 万片的贴装速度，但就每个贴装头而言，贴装速度在每小时 7500 片左右，这种机型主要适用于规模化生产。

3.1.3　贴片机的结构

贴片机是由计算机控制，集光、电气及机械为一体的高精度自动化设备。它通过拾取、位移、对位、放置等功能，将表面组装元器件快速准确贴放到 PCB 指定的位置上。贴片机的基本结构包括设备机体、贴片头及其驱动定位装置、供料器、PCB 传送与定位装置、计算机控制系统等。为适应高密度超大规模集成电路的贴装，贴片机还具有光学检测与视觉对中系统，保证芯片能够高精度地准确定位。下面以 Autonisc TP50V 贴片机为例，介绍其结构。

1. 设备机体

贴片机的设备机体是用来安装和支撑贴片机的底座，一般采用质量大、振动小、有利于保证设备精度的铸铁件制造。

2. 贴片头

贴片头也称吸放头，它的动作由拾取—贴放和移动—定位两种动作模式组成，如图 3-6 所示。贴装头通过程序控制，自动校正位置，按要求拾取元器件，精确地贴放到指定的焊盘上，实现从供料系统取料后移动到 PCB 的指定位置上的操作。

贴片头的种类可分为单头和多头两大类，早期单头贴片机主要由吸嘴、定位爪、定位台、Z 轴和 θ 角运动系统组成，并固定在 X/Y 传动机构上，当吸嘴吸取一个元件后，通过机械对中机构实现元件对中，并给供料器一个信号，使下一个元件进入吸片位置，但这种方

图 3-6 贴片头

式贴片速度很慢,通常贴放一只片式元件只需 1 s。为了提高贴片效率,人们采用增加贴片头数量的方法,采用多个贴片头来提高贴片速度。它在单头的基础上进行了改进,即由单头增加到了 3~6 个贴片头。它们仍然被固定在 X/Y 轴上,但不再使用机械对中,而改用多种形式的光学对中,工作时分别吸取元器件,对中后再依次贴放到 PCB 指定的位置上。这类机型的贴片速度可达每小时 3 万个元件。目前,也有的采用垂直旋转-转盘式贴装头,这种旋转头上安装有 6~30 个吸嘴,工作时每个吸嘴均吸取元件。这类贴装头多见于西门子公司的贴装机中,通常贴装机内装有两组或四组贴装头,其中一组在贴片,另一组在吸取元件,然后交换功能以达到高速贴片的目的,这种方式的贴片速度已达到每小时 4.5~5 万只元件。

3. 吸嘴

贴片头的端部有一个用真空泵控制的贴装工具,即吸嘴,如图 3-7 所示。吸嘴是贴片头上进行拾取和贴放的贴装工具,它是贴片头的心脏。不同形状、不同大小的元器件要采用不同的吸嘴拾放。当换向阀门打开时,吸嘴的负压把表面组装元器件从供料系统中吸上来;当换向阀门关闭时,吸嘴把元器件释放到 PCB 上。吸嘴拾起元器件并将其贴放到 PCB 上,一般有两种方式:一是根据元器件的高度,即事先输入元器件的厚度,当吸嘴下降到此高度时,真空释放并将元器件贴放到焊盘上,采用这种方法有时会因元器件厚度的误差,出现贴放过早或过迟现象,严重时会引起元器件移位或飞片的缺陷;另一种方法是吸嘴根据元器件与 PCB 接触瞬间产生的反作用力,在压力传感器的作用下实现贴放的软着陆,又称为 Z 轴的软着陆,故贴片时不易出现移位与飞片的缺陷。

图 3-7 吸嘴

吸嘴是直接接触元器件的部件,为了适应不同元器件的贴装,许多贴片机还配有一个更换吸嘴的装置，吸嘴与吸管之间还有一个弹性补偿的缓冲机构，保证在拾取过程中对贴片元件的保护。由于吸嘴频繁、高速与元器件接触，其磨损是非常严重的。早期吸嘴采用合金材料，后又改为碳纤维耐磨塑料材料，更先进的吸嘴则采用陶瓷材料及金刚石，使吸嘴更耐用。

4．供料器

供料器也称送料器或喂料器，其作用是将片式表面组装元器件按照一定的规律和顺序提供给贴片头，以方便贴片头吸嘴准确拾取，为贴片机提供元件进行贴片。例如，有一种PCB 上需要贴装 10 种元件，这时就需要 10 个供料器为贴片机供料。供料器按机器品牌及型号区分，一般来说不同品牌的贴片机所使用的供料器是不相同的，但相同品牌不同型号一般都可以通用。

供料器按照驱动方式的不同可以分为电驱动、空气压力驱动和机械打击式驱动，其中电驱动的振动小，噪声低，控制精度高，因此目前高端贴片机中供料器的驱动基本上都是采用电驱动，而中低档贴片机都是采用空气压力驱动和机械打击式驱动。根据表面组装元器件包装的不同，供料器通常有带状供料器、管状供料器、盘状供料器和散装供料器 4种。盘状供料器如图 3-8 所示。

图 3-8 盘状供料器

5．视觉对中系统

机器视觉对中系统是指在工作过程中对 PCB 的位置进行确认，如图 3-9 所示。当 PCB输送至贴片位置上时，安装在贴片机头部的电荷耦合器件（Charge Coupled Device，CCD），首先通过对 PCB 上定位标志的识别，实现对 PCB 位置的确认；CCD 对定位标志确认后，通过 BUS（总线）反馈给计算机，计算出贴片圆点位置误差（ΔX，ΔY），同时反馈给控制系统，以实现 PCB 识别过程并被精确定位，使贴片头能把元器件准确地释放到一定的位置上。在确认 PCB 位置后，接着是对元器件的确认，包括元器件的外形是否与程序一致，元器件的中心是否居中，元器件引脚的共面性和形变。其中，元器件对中过程为：贴片头吸取元器件后，视觉系统对元器件成像，并转化成数字图像信号，经计算机分析出元器件的几何中心和几何尺寸，并与控制程序中的数据进行比较，计算出吸嘴中心与元器件中心在 ΔX、ΔY 和 $\Delta \theta$ 的误差，并及时反馈至控制系统进行修正，保证元器件引脚与 PCB 焊盘重合。按安装位置或摄像机的类型不同，视觉系统一般分为俯视、仰视、头部或激光对齐。

6．传感系统

为了使贴片机各机构能协同工作，贴片头安装有多种形式的传感器，它们像贴片机的眼睛一样，时刻监督机器的运转情况，并能有效地协调贴片机的工作状态。贴片机中传感器应用越多，表示贴片机的智能化水平越高，贴片机中的传感器主要包括压力传感器、负压传感器、位置传感器、图像传感器。贴片视觉对中系统如图 3-9 所示。

图 3-9　贴片视觉对中系统

7．PCB 传送机构

PCB 传送机构的作用是将需要贴片的 PCB 送到预定位置，贴片完成后在将 SMA 送至下道工序。奥拓 Autonics TP50V 贴片机的传送机构如图 3-10 所示，此种类型的贴片机采用定位销的"销基准"法，其工作流程如下。

（1）基板被搬入，IN 传感器检测出基板后，传动电动机将驱动驱动轴，通过传送带开始传送，同时，停止挡销将打开。

（2）当基板到达停止挡销时，被停止传感器检测出，支撑台面上升，此时，基板被安装在支撑台面上的定位销、支撑销所固定。

（3）固定后，下一块基板被同样送进，在等待传感器的位置等候。

（4）生产完成后解除固定，开始搬出。

（5）当最初的基板再通过 OUT 传感器时，停止挡销再次变为 ON，下一块基板被固定。

图 3-10　奥拓 Autonics TP50V 贴片机的传送机构

8．送料器台

送料器在工作时安装在送料器台上，送料器台的结构如图 3-11 所示。本设备共有前后

图 3-11 送料器台

两个送料器台，每个可以装配 48 个送料器。一般贴片机除了料盘送料器外，还有管状送料器台和托盘送料器台。

9. 计算机控制系统

计算机控制系统是指挥贴片机进行准确有序操作的核心，它可以在线或离线编制计算机程序并自动进行优化，控制贴片机的自动工作。贴片机的控制系统通常采用二级控制：子级由专用工控计算机系统构成，完成对机械机构运动的控制；主控计算机采用 PC 实现编程。

3.1.4 自动贴片机操作方法

以 YAMAHA YV100Xg 贴片机为例，介绍自动贴片机操作方法，操作流程如图 3-12 所示。

图 3-12 YAMAHA YV100Xg 贴片机操作流程图

1. 开机操作

（1）检查电源、气源无误后，打开机器电源。

（2）机器进入自检，显示贴片机操作初始界面，如图 3-13 所示。

（3）单击"Orign"按钮，检查无异物影响各轴的运动，单击"确定"按钮，各轴开始回原点。

2. 预热

在初始界面中单击"预热"命令，开始暖机，在正常情况下运行 8～10 min 后自动停止。

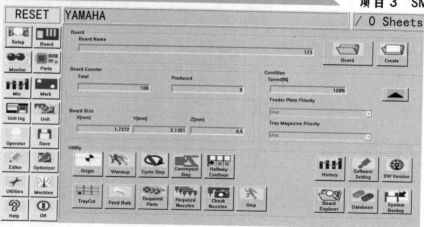

图 3-13　贴片机初始界面

3. 生产程序

单击"Board"按钮，选择要生产的 PCB 名称，单击"OK"按钮。

4. 开始生产

选择界面上的"Reday"命令，单击"Start"按钮开始生产。

5. 退出生产

单击界面上的"Stop"按钮，退出生产。

6. 关机

单击"Off"按钮，退出操作界面，当屏幕显示"Shutdown Computer"后，关掉机器电源。

3.2　贴片机编程

贴片机的生产程序主要由基板设置、基准点设置、元器件设置、建立单板贴装程序文件、建立拼板贴装程序文件和程序优化五个部分组成。

1. 基板设置

（1）基板名。在基本界面里单击"Create"按钮，进入建立基板名的界面，生成基板名列表。

（2）基板信息。在基本界面里单击"Board"按钮，进入基板信息的界面，生成基板信息列表，如图 3-14 所示。

（3）原点/拼板校正。在"Board"界面里单击"Offset"按钮，进入原点/拼板校正的界面，如图 3-15 所示，生成原点/拼板校正列表。

2. 基准点设置

Fiducial 也就是基准点，主要识别整板 Board、拼板 Block 和器件 Local 做的标号，当 PCBA 板变形或器件错位时，用于 PCBA 板的定位和校正。

图 3-14　基板设置

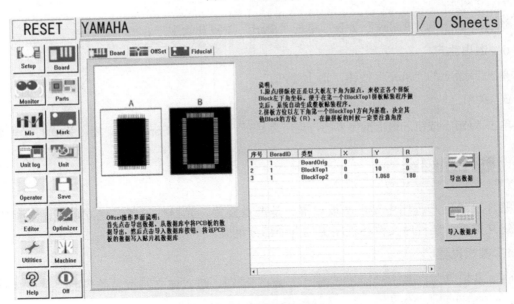

图 3-15　原点/拼板校正

（1）在"Board"界面中单击"Fiducial"按钮，进入标号定位模块，系统自动输入 EDA 设计的 Fiducial 坐标，如图 3-16 所示。所有"Fiducial"均必须要进行 Mark 设置。

（2）Mark1、Mark2。该列数字表示前面 X、Y 坐标定义的 Fiducial 在"Mark 类型表"中对应的代码，两个 Mark 可以相同，也可以不同，其中 Mark2 的数字如果为"0"则表示与 Mark1 相同（如"Mark1 为 1，Mark2 为 0"等同于"Mark1 为 1，Mark2 为 1"），但是 Mark1 的数字不能为 0。

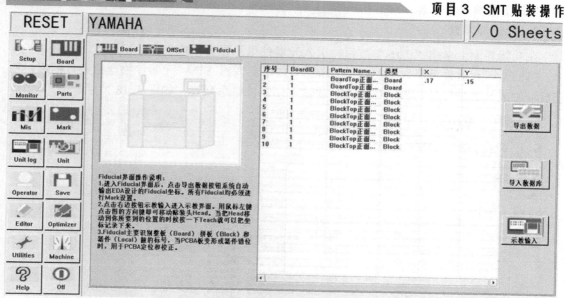

图 3-16　Fiducial 界面

"Bad Mark"主要根据生产线贴片机的数量和类型而布置，决定本台机器是否贴整板 Board、拼板 Block 和器件 Local。

（4）Mark 设置。找好标号 Fiducial 的坐标之后，还要对这个点进行设置。在基本界面里单击"Mark"按钮，进入 Mark 点设置界面，如图 3-17 所示。

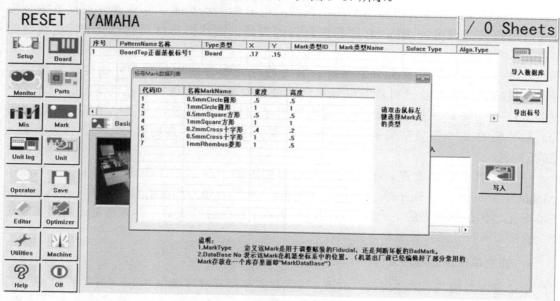

图 3-17　Mark 点设置

单击 Fiducial 标号列表一行，再单击"MarkData"按钮，再单击典型标号类型数据列表中选好的 Mark，通常采用 ϕ1 mm 的 Circle 圆形。再分别设置 Basic、shape、Vision、Adjust 等参数。重复上述过程，直到 Fiducial 标号列表的所有行输入完成。

3. 元器件设置

在初始界面上单击"Parts"按钮，进入元器件信息设置模块。

（1）输入元器件信息。单击"DataBase"按钮，调出 EDA 元器件物理参数数据库，系统自动生成元器件信息列表，也可以示教输入元器件信息列表，如图 3-18 所示。

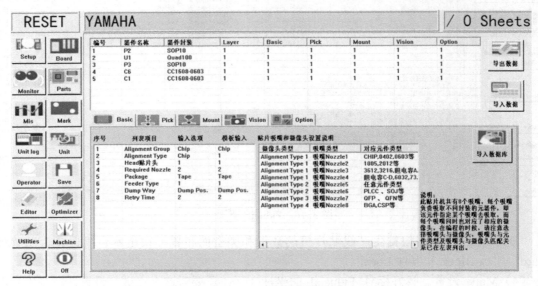

图 3-18　元器件信息

（2）送料器的分配。根据贴片机送料器的位号和坐标列表，必须建立送料器的分配列表，用户只需对拼板 Block1 进行送料器的布置，贴片机会自动对整板进行送料器的布置。

顺序单击元器件信息列表的一行，首先根据元器件的类型和尺寸确定送料器的类型，再根据贴片机自身送料器的位号和坐标设置列表，决定送料器在机器上的位置。一般要求：先布置贴片机前半部分，后布置后半部分，送料器距离要贴的 PCB 位置最近，贴片机的 8 个头吸贴同步或路径最短。重复上述过程，直到所有行元器件设置输入完成。

（3）元器件信息设置。单击元器件信息列表的一行，顺序单击"Basic"、"Pick"、"Mount"、"Vision"、"Shape"、"Tray"、"Option"按钮，进入相应的设置界面，输入参数。再单击元器件信息列表的下一行，再顺序单击以上按钮进行设置，输入参数。重复上述过程，直到所有行元器件设置输入完成。

4. 建立单板贴装程序文件

单击基本界面左边的"Save"按钮，进入建立和保存程序操作界面，如图 3-19 所示。选择保存路径，单击"保存"按钮，完成保存程序。

5. 建立拼板贴装程序文件

单击基本界面中的"Save"按钮，进入保存程序的界面，再单击"生成拼板"按钮，可以完成拼板程序的编写，如图 3-20 所示。

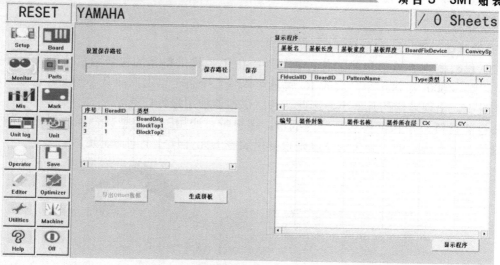

图 3-19　保存界面

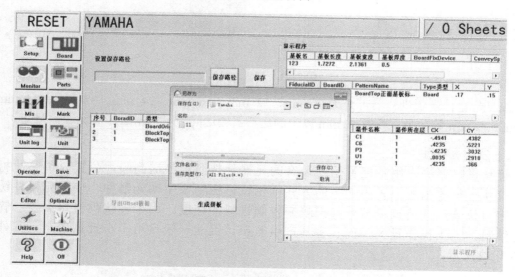

图 3-20　生成拼板界面

6. 程序优化

单击基本界面左边的"Optimize"按钮，进入 Optimize 设置界面，在优化的时候要对吸嘴和 Feeder 进行设置，系统自动进行程序优化。

3.3 送料器的使用

1. 送料器的分类

一般来说，根据 SMC/SMD 包装的不同，供料器通常分为：带状供料器（Tape Feeder）、管状供料器（Tube Feeder）、盘装供料器（Tray Feeder）、散装供料器（Bulk

Feeder）。

1）带状送料器

带状供料器用于编带包装的各种元器件。由于带状供料器的包装数量比较大，小元件每盘可以装 3 000～5 000 个，大的 IC 每盘可以装几个百个以上，而且不需要经过续料，人工操作量少，出现差错的几率小，因此，带状供料器使用最为广泛。

按包装材料，带状供料器可分为纸带、塑料带、通用三种类型。带状供料器的规格是根据编带宽度来确定的，编带的宽度是根据所装载的元件尺寸不同而制定的。

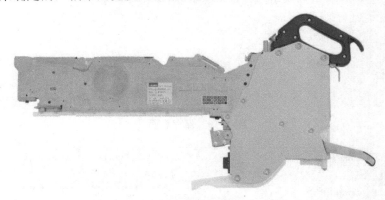

图 3-21　带状送料器

按照带宽，带状供料器可分为 8 mm、12 mm、16 mm、24 mm、32 mm、44 mm、56 mm、72 mm 等种类，其中 12 mm 以上的送料器输送间距可根据组件情况进行调整。

2）管状送料器

管状供料器的作用是把管子内装有的元器件按照顺序送到吸片位置以供贴片机吸取。管状供料器基本上采用加电的方式产生机械振动来驱动元器件，使得元器件缓慢移到窗口位置，并通过调节料架振幅来控制进料的速度。由于管状供料器需要一管一管地续料，人工操作量大，而且容易产生差错，因此一般只用于小批量生产，其外形如图 3-22 所示。

图 3-22　管状送料器

按照规格，管状供料器可分为单通道和多通道两种类型。单通道的供料器规格有 8 mm、12 mm、16 mm、24 mm、32 mm、44 mm 等，多通道供料器一般有 2～7 通道不等。

管状送料器可分为高速管状送料器、高精度多重管状送料器和高速层式管状送料器三种类型。

3）托盘送料器

盘状供料器又称为华夫盘供料器，主要用于 PLCC、QFP、BGA、CSP 等集成电路器件。按照盘状供料器的结构形式可分为单盘式和多盘式两种类型，其中单盘式续料的几率比较大，影响生产效率，一般只适用于小批量生产或简单产品生产；而多盘式供料器克服了单盘式上述缺点，目前被广泛使用。其外形如图 3-23 所示。

托盘送料器可分为手动换盘式、半自动换盘式和自动换盘式三种类型。

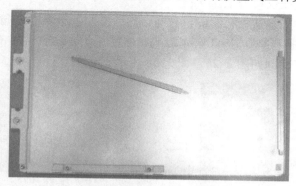

图 3-23　托盘送料器

4）散装送料器

散装供料器为一套线性振动轨道，随着轨道振动，元件在轨道上排列，进而实现供料器的供料。散装供料器一般用在小批量的生产中，在大规模生产中一般应用很少。而且这种供料器只适合于矩形和圆柱形的片式元件，不适合具有极性的片式元件。

其外形如图 3-24 所示。

图 3-24　散装送料器

2. 送料器的使用方法

（1）根据来料的宽度、Pitch 和类型选择合适的送料器。

（2）根据料带选用送料器。如料带的宽度分为 8 mm、12 mm、16 mm、24 mm、32 mm、

44 mm 等，不同品牌的送料器型号不一样。

（3）必须佩戴防静电手套操作。

（4）送料器上的 Pitch 需要送料器维修人员进行调整。

（5）在上料过程中，要轻拿轻放送料器。

3. 送料器的装料操作

（1）检查生产物料，如料盘。

（2）根据料带宽度确定所用带状送料器的类型。

（3）检查所选送料器是否黏附杂物，有无异常。

（4）选择争取安装步骤来装料。

（5）检查送料器拾料位置是否和料带相符。

（6）将送料器安装在供料台上。

（7）在换盘上料时先确认物料编码、方向，然后按照上料表的方向上料。

（8）换料时检查待换料和机器上物料的编码、位置、方向是否一致，确认无误后上料。

送料器的装料操作步骤如图 3-25～图 3-28 所示。

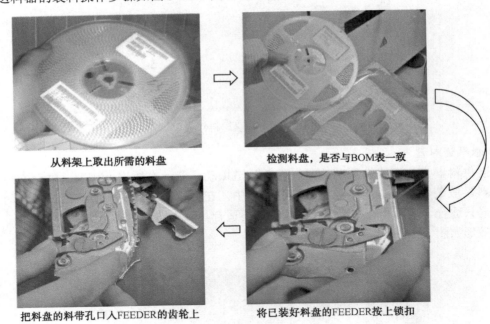

图 3-25　第一步

3.4　贴装质量检验

1. 贴片过程中注意问题

（1）拿取 PCB 时不要用手触摸到 PCB 表面，以防止破坏焊盘上印刷好的锡膏。

（2）贴装过程中补充元器件时一定要注意元器件的型号、规格、极性和方向。

把盖带上的胶带一端贴在FEEEDER转轮上带

盖上FEEDER的上盖，并按标示绕好盖

使用仪器检测料带上元件的阻值或容值

按FEEDER按钮，检测FEEDER是否卷带

图 3-26　第二步

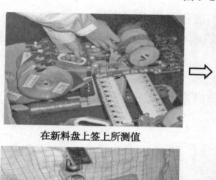

在新料盘上签上所测值

扫描UNDO、机台号和产品料号

扫描工号

扫描所有上料的轨道号

图 3-27　第三步

2. 贴片机贴装质量检验操作

（1）检查板面是否有异物残留，PCB 刮伤等不良。

（2）检验方向按由左至右，由上至下方向移动 PCB，逐一检查。

（3）元器件不能漏装、错装、空焊。

（4）移位不能超过标准，见 IPC610。

（5）组件极性不能贴反。

（6）IC、排阻、三极管等引脚移位不能超出焊盘宽度的 1/4。

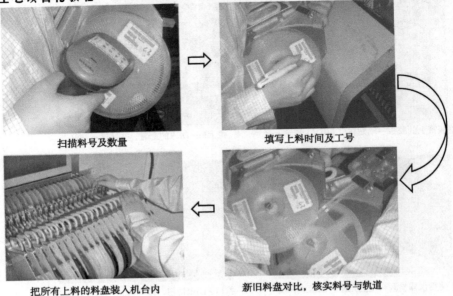

扫描料号及数量　　　　　　　　　　填写上料时间及工号

把所有上料的料盘装入机台内　　　新旧料盘对比，核实料号与轨道

图 3-28　第四步

（7）CHIP 元件移位，平行方向和垂直方向不能超出焊盘宽度的 1/3。

（8）拿住 PCBA 的板边，轻轻放在回流焊机的输送带上，不能从高处丢下，以防元件震落。

（9）检测不良的 PCB，贴上标识纸，及时修整、调整。

（10）注意事项：必须佩戴静电带作业，操作时拿取 PCBA 板边。

3．贴片机贴装常见不良与对策

元件贴装常见不良、原因和解决措施如表 3-1 所示。

表 3-1　元件贴装常见不良、原因和解决措施

问　　题	原　　因	措　　施
元器件型号错误	上错料	重新核对上料
元器件极性错误	贴片数据或 PCB 数据角度设置错误	修改贴片数据或 PCB 数据
元器件偏移	PCB Mark 坐标设置错误	修正 PCB Mark 坐标
	支撑高度不一致，印制板支撑不平整	调整支撑销高度
	工作台支撑台平面度不良	校正工作台支撑平台平面度
	电路板布线精度低，一致性差。	修正程序
	贴装吸嘴吸气气压过低	调整压力
	焊膏涂覆位置不准确	调整焊膏印刷位置
拾片失败	编带规格与供料规格不匹配	调整送料器
	真空泵没有工作或吸嘴吸气气压过低	调整吸嘴压力

续表

问 题	原 因	措 施
拾片失败	编带的塑料热压带未正常拉起	调整料带
	贴装头的贴装速度选择错误	调节贴片速度
	供料器安装不牢固，顶针运动不畅	调整送料器
	切纸刀不能正常切编带	更换切纸刀
	编带不能随齿轮正常转动或供料器运转不连续	调整送料器
	吸嘴不在低点，下降高度不到位	调整吸取高度
	吸嘴中心轴线与供料器中心轴引线不重合	调整吸料位置
	吸嘴下降时间与吸片时间不同步	调整吸嘴速度
	供料部有振动	检查供料台是否有异物
	组件厚度数据设备不正确	修改组件厚度数据
	吸片高度的初始值设备有误	修改吸片高度
料带浮起	料带是否有散落或是断落在感应区域	检查料带
	机器内部有无其他异物并排除	检查并排除机内异物
	料带浮起感应器不能工作	检查是否正常工作
PCB 传输不到位	传送带有油污	清洁传送带
	Board 处有异物，影响停板装置正常工作	清除异物
	PCB 板边是否有脏物（锡珠）	取出板边异物
抛料	吸嘴堵塞或是表面太平，吸取时压力不足	更换吸嘴
	Feeder 的进料位置不正确	调整使组件在吸取中心点上
	程序中设定的组件厚度不正确	参考来料标准数据值来设定
	组件的吸料高度的设定不合理	参考来料标准数据值来设定
	Feeder 的卷料带不能正常卷取塑料带	调整料带
	吸嘴表面堵塞或不平，组件识别有误差	更换清洁吸嘴
	吸嘴真空压力不足	调整吸嘴真空压力
	吸嘴的反光面脏污或有划伤，识别不良	更换或清洁吸嘴
	组件识别相机的玻璃盖和镜头有组件散落或有灰尘，影响识别精度	清洁照相机镜头
	组件的参数参考值设定不正确	更改组件参数设置

续表

问　　题	原　　因	措　　施
随机性不贴片	PCB 板曲翘度超出设备允许范围	烘烤 PCB
	支撑销高度不一致，印制板支撑不平整	调整支撑销高度
	吸嘴部黏有胶液或吸嘴被严重磁化	更换吸嘴
	吸嘴竖直驱动系统进行迟缓	检查吸嘴驱动系统
	吹气时序与贴装头下降时序不匹配	调整贴装头下降高度
	吸嘴贴装高度设备不良	调整贴装高度
	电磁阀切换不良，吹气压力太小	更换电磁阀
	某吸嘴出现 NG 时，器件贴装 Stopper 气缸动作不畅，未及时复位	更换气缸

实训 3　贴片机编程与操作

1．实训目的

（1）了解贴片机工作原理。

（2）掌握贴片机编程和操作方法。

2．实训要求

（1）进入 SMT 实训室要穿戴防静电工作服和防静电鞋。

（2）必须在指导老师的指导下操作设备、仪器、工具和设备。

（3）与实训无关的物品不要带入实训基地，保持室内的环境卫生。

3．实训设备、工具和材料

（1）设备：Autonics TP50V 贴片机，手动贴片机。

（2）工具：六角扳手，螺丝刀、防静电镊子、防静电手套。

（3）材料：焊锡膏、PCB、表面组装元器件。

4．实训内容

（1）讲解贴片机工作原理。

（2）讲解和演示贴片机编程方法。

（3）讲解和演示贴片机操作方法。

5．实训报告

思考与习题 3

1. 写出表面组装贴装工艺流程。
2. 简述贴片机的分类。
3. 简述贴片机的技术指标。
4. 简述贴片工艺要求。
5. 简述贴片机的结构。
6. 列举常见的贴装存在的缺陷并分析其产生的原因。

项目 4

SMT 再流焊接操作

教学导航

知识目标	◇ 掌握回流焊工作原理及工艺流程； ◇ 掌握回流焊温度曲线构成及各部分作用； ◇ 掌握温度曲线测定方法； ◇ 掌握回流焊机参数设定及操作方法； ◇ 掌握回流焊工艺常见缺陷及原因分析
能力目标	◇ 能够测定回流焊温度曲线并进行参数优化； ◇ 能根据生产要求，设置回流焊机温度； ◇ 能够对常见回流焊缺陷进行分析并提出解决办法； ◇ 能够掌握回流焊机操作方法
重点难点	◇ 回流焊机程序编写及优化； ◇ 回流焊机操作方法； ◇ 回流焊工艺常见缺陷及原因分析
学习方法	◇ 结合回流焊机学习回流焊机操作方法； ◇ 通过实际操作，掌握回流焊工艺常见问题及解决办法

项目分析

再流焊又称回流焊，是通过重新熔化预先分配到印制板焊盘上的焊锡膏，实现表面组装元器件焊端或引脚与印制板焊盘之间机械与电气连接的软钎焊。再流焊操作方法简单，效率高，质量好，一致性好，节省焊料，是一种适合自动化生产的电子产品装配技术，目前已成为 SMT 电路板组装技术的主流。

本项目将主要介绍再流焊机的操作，再流焊机的温度测试以及再流焊接质量的检测。

4.1　再流焊机操作

4.1.1　再流焊接工艺过程

再流焊接工艺过程如图 4-1 所示。

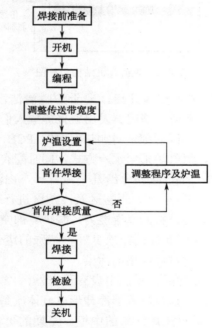

图 4-1　再流焊接工艺流程图

（1）开机。打开总电源和排风机电源，打开 UPS 后备电源，按照设备操作规程启动设备，当设备完成系统自检后即可进行编程或调用已有的程序。

（2）编程或调用已有程序。生产新产品需要编制程序；当生产老产品时，只需调出老程序即可。编程主要是对再流焊机的温度、风速、传动速度等参数进行设置。

（3）调整传送带宽度。导轨宽度应大于 PCB 宽度 1～2 mm，保证 PCB 在导轨上滑动自如。

（4）测温度曲线。温度曲线是实现可靠焊接的关键参数，有的再流焊机自带测试功能，有的需要另外配置专用测试仪。

（5）首件焊机与检验。对第一个产品进行焊接并检验是否合格，如检查焊点是否光

滑，是否有虚焊等。若合格则进行批量生产，若不合格，则需要重新设置有关参数，对温度曲线进行调整。

（6）检验。检验是一个重要工艺环节，检验方法分为人工目视检验和采用专用设备检验，如 AOI。

4.1.2　再流焊机的结构

用于再流焊接的设备称为再流焊机。再流焊机结构如图 4-2 所示，主要由加热系统、热风对流系统、传动系统、顶盖升起系统、冷却系统、氮气装备、助焊剂回收系统、控制系统八部分组成。

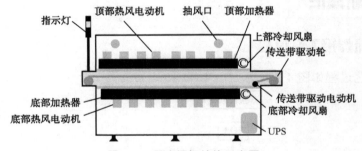

图 4-2　再流焊机结构示意图

（1）顶盖升起系统。上炉体可整体开启，便于炉膛清洁，开启时拨动上炉体升降开关，由马达带动升降杆完成，开启时，蜂鸣器发出警报提醒人们注意。

（2）冷却系统。冷却区在加热区后部，对加热完成的 PCB 进行快速冷却，空气炉采用风冷方式，通过外部空气冷却，氮气炉采用水冷方式，同时配有助焊剂回收系统。

（3）氮气装备。氮气通过一个电磁阀分给几个流量计，由流量计把氮气分配给各区，氮气通过风机吹到炉膛。PCB 在预热区、焊接区及冷却区进行全程氮气保护，可杜绝焊点及铜箔在高温下的氧化，增强熔化钎料的润湿能力，减少内部空洞，提高焊点质量。

（4）抽风系统。抽风系统保证助焊剂排放良好，特殊的废气过滤、抽风系统，可保持工作环境的空气清洁，减少废气对排风管道的污染。

（5）助焊剂回收系统。助焊剂回收系统中设有蒸发器，冷水机把水冷却后循环经过蒸发器，助焊剂通过上层风机抽出，通过蒸发器冷却形成液体流到回收罐中。

（6）控制系统。控制系统是再流焊设备的中枢，早期的再流焊设备主要以仪表控制方式为主，但随着计算机应用的普及和发展，先进的再流焊设备已经全部采用了计算机或PLC 控制方式。

（7）加热系统。全热风再流焊机的加热系统主要由热风马达、加热管、热电耦、固态继电器 SSR、温控模块等部分组成。在每个温区内装有加热管，热风马达带动风轮转动，形成的热风通过特殊结构的风道，经过整流板吹出，使热气均匀分布在温区内。

每个温区均有热电偶，安装在整流板的风口位置，检测温区的温度，并把信号传递给控制系统中温控模块，温控模块接收到信号后，实时进行数据运算处理，决定其输出端是否输出信号给固态继电器来控制加热元件给温区加热。另外，炉体热风马达的转速也将直接改变单位面积内热风速度，因此，风机速率也是影响温区温度的重要因素。

（8）传动系统。传动系统是将电路板从再流焊机入口按一定速度输送到再流焊机出口的传动装置，包括导轨、网带（中央支撑）、链条、运输马达、轨道宽度调整机构、运输速度控制机构六部分。其主要传动方式有：链传动、链传动+网传动、网传动、双导轨运输系统、链传动+中央支撑系统，其中，比较常用的传动方式为链条/网带的传动方式，即链传动加网传动，链条的宽度是可以调节的，PCB 放置在链条导轨上，可实现 PCB 的双面板焊接，其中不锈钢网可防止 PCB 脱落，将 PCB 放置在不锈钢链条或网带上进行运输。为保证链条、网带等传动部件速度一致，传动系统中装有同步链条，运输马达通过同步链条带动运输链条、网带的传动轴的同齿轮转动。

4.1.3　再流焊机的操作方法

下面以北京中科同科技公司 A8N 回流焊机为例，介绍再流焊机的操作方法。

1．系统主界面

双击桌面上的回流焊软件快捷方式，出现如下操作界面，如图 4-3 所示。

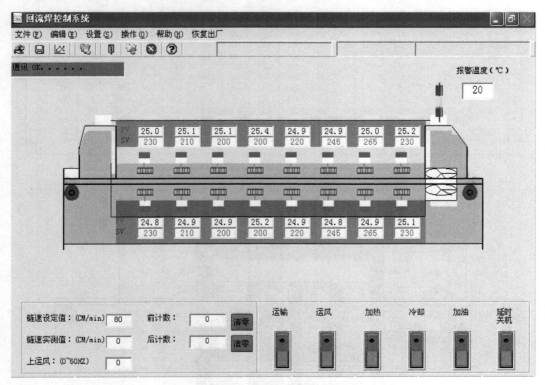

图 4-3　回流焊接操作界面

在此界面中，中间部分是回流焊机温度设定区域，"PV"表示实际测量温度，实际温度不可修改，"SV"表示设定温度，设定温度可以修改，上下两个温区都可以修改。"报警温度"表示当实际温度大于设定温度的报警温度值时，红灯响起报警。"链速设定值"可以设定传送速度，"上运风"可以设定运风频率，"前计数"表示进板数目，"后计数"表示出板数目。右下方分别是"运输"、"运风"、"加热"、"冷却"、"加油"、"延时关机"的对应开关。

2. 操作步骤

（1）单击"调用设定"按钮可以选择已经设定好的温度曲线，如图 4-4 所示。也可以通过如图 4-5 所示的界面修改各个温区设定的温度，还可以修改设定好的温度曲线。

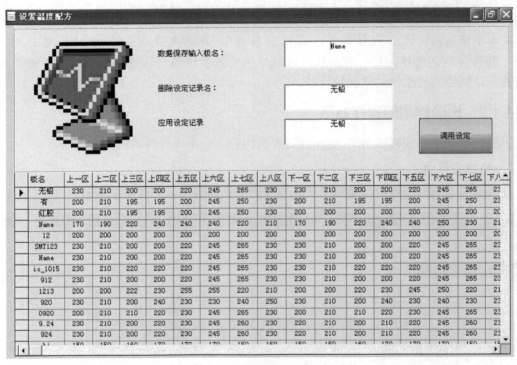

板名	上一区	上二区	上三区	上四区	上五区	上六区	上七区	上八区	下一区	下二区	下三区	下四区	下五区	下六区	下七区	下八
无铅	230	210	200	200	220	245	265	230	230	210	200	200	220	245	265	23
有	200	210	195	195	200	245	250	230	200	210	195	195	200	245	250	23
红胶	200	210	195	195	200	245	250	230	200	200	200	200	200	245	250	20
Name	170	190	220	240	240	240	220	210	170	190	220	240	240	200	230	21
12	200	200	200	200	200	200	200	200	200	200	200	200	200	200	200	20
SMT123	230	210	200	200	220	245	265	230	230	210	200	200	220	245	265	23
Name	230	210	200	200	220	245	265	230	230	210	200	200	220	245	265	23
io_1015	230	210	200	220	220	245	265	230	230	210	200	200	220	245	265	23
912	230	210	200	200	220	245	265	230	230	210	200	200	220	245	265	23
1213	200	200	222	230	255	255	220	210	200	200	220	230	245	250	220	21
920	230	210	200	240	230	230	240	250	230	210	200	240	230	240	230	23
0920	200	210	200	210	200	245	265	230	230	210	220	230	245	265	23	
9.24	200	210	200	210	200	260	230	200	210	210	220	245	260	23		
924	230	210	200	220	230	245	260	230	220	210	200	210	220	245	260	23
hi	150	150	180	170	170	170	150	150	150	150	170	170	170	150	15	

图 4-4　调用配方界面

图 4-5　修改设定温度界面

（2）设置回流焊链速和运风频率。

（3）打开"运输"、"运风"、"加热"开关，回流焊机进入运行状态。

（4）温度达到设定值，送入印制电路板。

（5）焊接结束，打开"冷却"开关，冷却 20 min，关闭程序，关闭回流焊机。

4.2　再流焊温度设置

4.2.1　再流焊机温度曲线

电路板通过再流焊机时，表面组装印制电路板器件上某一点的温度随时间变化的曲线，称为温度曲线。图 4-6 所示为典型的再流焊温度曲线。电路板由入口进入再流焊炉膛，到出口传出完成焊接，整个再流焊过程一般需经过预热、保温、回流、冷却温度不同的四个阶段。要合理设置各温区的温度，使炉膛内的焊接对象在传输过程中所经历的温度按合理的曲线规律变化，这是保证再流焊质量的关键。

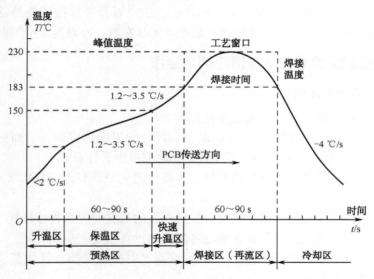

图 4-6　再流焊温度曲线图

1. 预热阶段

预热是为了使焊膏活性化，以及避免浸锡时进行急剧高温加热引起部品不良所进行的加热行为。该区域的目标是把室温的 PCB 尽快加热，但升温速率要控制在适当范围以内，如果过快，会产生热冲击，电路板和元件都可能受损；过慢，则助焊剂挥发不充分，影响焊接质量。由于加热速度较快，在温区的后段 SMA 内的温差较大。为防止热冲击对元件的损伤，一般规定最大升温速度为 4 ℃/s，通常上升速率设定为 1～3 ℃/s。

2. 保温阶段

保温阶段的主要目的是使 SMA 内各元件的温度趋于稳定，尽量减少温差。在这个区域内给予足够的时间使较大元件的温度赶上较小元件，并保证焊膏中的助焊剂得到充分挥发。到保温段结束，焊盘，焊料球及元件引脚上的氧化物在助焊剂的作用下被除去，整个电路板的温度也达到平衡。应注意的是 SMA 上所有元件在这一阶段结束时应具有相同的温度，

3. 回流阶段

当 PCB 进入回流区时，温度迅速上升使焊膏达到熔化状态。有铅焊膏 63%Sn37%Pb 的熔点为 183 ℃，无铅焊膏 96.5%Sn3%Ag0.5%Cu 的熔点为 217 ℃。在这一区域内加热器的温度设置得最高，使组件的温度快速上升至峰值温度。再流焊曲线的峰值温度通常是由焊锡的熔点温度、组装基板和元件的耐热温度决定的。在回流阶段其焊接峰值温度视所用焊膏的不同而不同，一般无铅焊膏最高温度为 230～250 ℃，有铅焊膏为 210～230 ℃。峰值温度过低易产生冷接点及润湿不够；过高则环氧树脂基板和塑胶部分焦化和脱层易发生，而且过量的共晶金属化合物将形成，并导致脆的焊接点，影响焊接强度。再流时间不要过长，以防对 SMA 造成不良影响。

4. 冷却阶段

在此阶段，温度冷却到固相温度以下，使焊点凝固。冷却速率将对焊点的强度产生影响。冷却速率过慢，将导致过量共晶金属化合物产生，以及在焊接点处易发生大的晶粒结构，使焊接点强度变低，冷却区降温速率一般在 4 ℃/s 左右，冷却至 75 ℃即可。

4.2.2 再流焊温度参数的设置原则与操作

1. 再流焊机温度设定原则

（1）根据使用焊锡膏的温度曲线进行设置。

（2）不同金属含量的焊锡膏有不同的温度曲线，应根据焊锡膏供应商提供的温度曲线进行设置，根据 PCB 板的材料、外形尺寸大小及层数多少进行设置。

（3）根据表面组装板搭载元器件的密度、元器件的大小及有无 BGA、CSP 等特殊元器件进行设置。

（4）根据再流焊机设备加热温区数目、加热温区的长度等因素进行设置。

（5）根据温度传感器的实际位置来确定各温区的设置温度。

（6）根据排风量的大小进行设置。一般再流焊机对排风量都有具体要求，但实际排风量因各种原因有时会有所变化。

（7）环境温度对再流焊机的温度也有影响。

（8）温区设置就低不就高，即各温区温度尽可能低。

2. 再流焊机温度设定操作

（1）设定原则。

① 预热温度为 110～150 ℃，持续时间为 120～180 s；

② 183 ℃以上的时间为 40～80 s；

③ 最高温度为 210～250 ℃；

④ 升温速度小于 2.5 ℃/s；

（2）元器件要求。设定温度必须满足全部贴片元器件本身对回流焊接的要求，温度太高对器件造成潜在的损伤；对继电器、晶振和热敏器件，温度能满足焊接要求的下限。

（3）元器件布局和封装。主要考虑器件的封装形式，对于元件密度高的单板，以及单板上 PLCC 或 BGA 等吸热大且热均性能差的器件，预热时间和温度取上限。

（4）PCB 厚度和材质。PCB 越厚，均热所需的时间越长；对于特殊材质，需满足其提供的加热条件，主要是其回流时所能承受的最高温度和持续时间限制。

（5）双面回流工艺方面考虑。双面回流焊接的板，先生产元器件焊盘和 PCB 焊盘重合面积之比较小的一面，在此值相似的情况下，优先生产元器件数量少的面。

（6）产能要求。当链条（网带）的运行速度是生产线的瓶颈时，为提高链速，要提高加热器的温度来满足焊接的要求。

（7）设备的因素。加热方式、加热区的长度、废气的排放、进气的流量大小都能影响回流焊接效果。

（8）下限原则。在能满足焊接要求的前提下，为减少温度对元器件及 PCB 的伤害，温度应取下限。

（9）参考设定见下表。

温　区	一	二	三	四	五	六	七	八
上温区温度（℃）	180	160	170	170	180	180	250	300
下温区温度（℃）	180	160	170	170	180	180	250	300

4.2.3　再流焊炉温测试

炉温测试目的是记录 PCB 板在以一定速度通过再流焊炉时 PCB 板上温度变化轨迹。面对首次使用的再流焊机，当测试温度曲线时，应对再流焊机的结构、焊膏性能、SMA 的大小厚度及元器件的分布等全面了解，首先设定带速，并与理想温度曲线比较，通过反复调节，才能得到实际产品所需的温度曲线和满意的焊接效果。

再流焊机本身配备有长热偶线，一般工业标准是 K 型热偶线。热偶线的一端焊接到 PCB 板上，另一端插到设备的预设热偶插口上。在测量的同时温度曲线就可以显示到显示器上。一般再流焊炉带有多个 K 型热偶插口，因此可连接多根热偶线，同时测量 PCB 板几个点的温度曲线。其测试方法简述如下。

1. 测试所需设施

温度传感器，已校正测温仪，PCB 板或安装板，用于固定传感器的介质（耐高温胶布、耐高温焊锡、高温固化胶）、焊接设备、炉温曲线规格。

2. 测试板制作

首先要确定选点，测试目的不一样，选点位置也不一样，测试点有两种选择方式：一种为客户规定，一种为自定。客户规定的测试点一般指导书上有指明，自定的测试点一般由板自身条件决定或自行选择。一般情况下，应在吸热最大的组件、吸热最小的组件、空焊点及对温度有特殊需求的组件上分布测试点。

带有 BGA、CSP 组件的 PCB 板测试曲线时应优先选择它们为测试点，一般会在 BGA 内部选择一个测试点。

3. 注意事项

要求开启再流焊机至少 30 min 后才可进行温度曲线的测试和生产。炉温曲线打印出来

后依据预热的温度时间、再流峰值温度、再流时间及升降温速率等综合调整设备至满足温度曲线要求。

再流焊机一般都自带一个测温装置，但因其简单，通道数量少，而且大多专业性不高，因此多数厂家会选择另外购买专用的炉温测试仪。目前市场上炉温测试仪从数据的输出上一般可分为两类：一类是通过打印机将温度曲线或数据打印出来；另一类可传输到计算机专用软件上，可以选择查看、编辑、存储，也可以随时打印输出。后一类目前使用较多，也较为方便。

炉温测试仪性能的好坏主要取决于两方面：一是热电偶感温线的品质，会直接决定测试温度的精度和可靠性，测试精度在 2 ℃的居多；二是软件的方便实用性，对于炉温测试仪用户，实际用到的软件功能并不多，主要是对曲线的编辑和查看，因此软件并非功能越多越好，而是要简洁、实用和稳定。图 4-7 所示为最常用的 KIC 炉温测试仪，测温范围为 0～400 ℃，测温精度为±2 ℃；通常有 3 个通道或 6 个通道，每个通道支持 4 000 个测试温度点。

图 4-7　KIC 炉温测试仪

4．炉温测试仪操作方法

（1）将炉温测试仪同外置 PCB 连线按插头编号连接好，同时准备好手套和测试仪隔热盒。

（2）将测温仪通过数据线连接在计算机上，轻按测温仪上"MODE"按钮，让红灯慢闪。

（3）用鼠标左键依次单击测试仪上配套应用程序窗口中的"连线变更"和"连线申请"按钮，以清除测试仪中存储的温度数据。

（4）断开测温仪与计算机的连接，在再流焊炉前将测温仪放入隔热盒，轻按"MODE"按钮，见红灯快闪时，迅速关上隔热盒，并将外置 PCB 和隔热盒一同放在再流焊炉的钢网上，使 PCB 和隔热盒至少 10 cm 的距离。

（5）在再流焊炉末端等待 PCB 机隔热盒出炉，迅速打开隔热盒盖，轻按"MODE"按钮，使红灯恢复慢闪，此时，炉温仪已经停止读取数据，并且炉温数据已经存入其存储器中。

（6）将测温仪中的温度数据下载到计算机中，分析温度曲线的合理性，可行则打印，不可行及时调整炉温。

（7）测温仪的测温连线的选择，一般选择一、三、五或二、四、六通道进行温度测量。

（8）感温线焊接要求。每个感温线焊点必须用高温焊锡丝焊接；PCB 的感温线焊点需要选择 2 mm 的焊盘，SOP 及 QFP 上的感温线焊点需要选择其引脚，但固定感温线的高温锡不可与 PCB 接触，以免误测温度；至少使用三个测试点。

（9）炉温测试仪应放置在干燥、阴凉处，使用时需要轻拿轻放，以免损坏测温仪。

4.3 再流焊接质量检验

1. 再流焊接检验方法

常用的焊接质量检验方法包括目视法、自动光学检查法、在线测试法、X-Ray 测试法和功能测试法。

（1）目视法。目视检验简便直观，是检验评定焊点外观质量的主要方法。目检是借助带照明或不带照明、放大倍数 2～5 倍的放大镜，用肉眼观察检验组装板焊点质量。目视检查可以对单个焊点缺陷，乃至路线异常及元器件劣化等同时进行检查，是目前采用最广泛的一种非破坏性的检测方法。但对空隙等焊接内部缺陷无法发现，因此很难进行定量评价，该方法优点是操作简单、成本低、效率低、漏检测率高，还与操作人员的经验和认真程度有关。

（2）自动光学检查法（AOI）。AOI 测试设备是通过摄像头自动扫描 PCB，采集图像，测试的焊点与数据库中的合格的参数进行比较，经过图像处理，检测出 PCB 上的缺陷，并通过显示器或自动标志把缺陷显示或标示处理，供维修人员修整。该方法可避免人为因素的干扰，无需模具，可检测大多数的缺陷，但对 BGA 等焊点不能看到的组件无法检查。

（3）在线测试。在线测试属于接触式检测技术，也是生产中测试最基本的方法之一，由于它具有很强的故障诊断能力而广泛使用。通常将 SMA 放置在专门设计的针床夹具上，安装在夹具上弹簧测试探针与组件的引线或测试焊盘接触，由于接触了 PCB 上所有焊点，因此能迅速诊断出故障器件。

（4）X-Ray 检测法。X-Ray 检测是利用 X 射线可穿透物质并在物质中有衰减的特性来发现缺陷，主要检测焊点内部缺陷，如 BGA、CSP 和 FC 焊点等。通过 X-Ray 的透视特点，检测焊点的形状，并与计算机库中的标准形状进行对比，来判断焊点的质量。该方法优点是无须测试模具，缺点是对错件的情况不能判别，而且价格昂贵。

（5）功能测试 FCT。FCT 的工作原理是将 PCB 板上的被测试单元作为一个功能体，对其提供输入信号，按照功能体的设计要求检验输出信号，该方法特点是简单、投资少，但不能自动诊断故障。

2. 再流焊接质量检验操作方法

1）再流焊首件检验操作方法

（1）取最先焊接完成的组件 1～5 件，进行外观、尺寸、性能等方面的检查和测试。

（2）依照标准对组件焊接效果进行检查。

（3）要检测 IC 和有极性的组件，组件方向是否正确。

（4）要检测偏移、缺件、错件、锡多、锡少、立碑、虚焊、冷焊等现象。

（5）依照外观图或样本作为首件检查及检验依据。

（6）从输送带上拿 1 件半成品进行目视检验，如目视不良不能判定时，在放大镜下进行确认。

（7）确认 Chipset 品名、规格等是否正确，并检查有无短路、偏移、空焊等不良现象。

（8）检查板面是否有异物残留、多件、缺件、PCB 刮伤等不良现象。

（9）检查 SMD 组件移位是否超出了标准。

（10）注意事项。

① 必须佩戴防静电手环或防静电手套。

② 记录内容包括检查数量、不良数量、不良率、时间、生产机型、日期。

③ 使用拨棒时，避免造成脚弯，且拨棒限于使用非金属材料。

2）再流焊接目检法操作

（1）首件确认。炉后目检必须进行外观检验，检查内容：零件方向、零件极性、偏移、缺件、错件、多件、锡多、锡少、立件、虚焊、冷焊，首件无误后送 IPQC 确认。

（2）捡板。为防止掉板或撞掉零件，炉后目检人员应及时查看回流焊机出板情况，及时捡板。

（3）PCBA 摆放。炉后所有 PCBA 必须摆放在插板上，不得堆叠，插板必须整齐摆放在规定的区域内，OK 品与 NG 品分开摆放于不同的插板上，不同机型的板分开摆放于不同的插板上。

（4）缺件处理。炉后发现有缺件的板，应及时记录。对于修理报废板，或者打叉板贴件或好板贴漏贴件，应做同样处理。

（5）PCB 检查。炉后 PCBA 仔细检查有无零件反向、偏移、缺件、错件、多件、锡多、锡少、立件、虚焊、冷焊等不良现象，如有连续 3 片同样的不良应及时反映给主管。

（6）炉后检查表。所有不良品应记录于生产检查报表上。

（7）送检。原则上对于目视 OK 的板，送检时应用标示卡标识清楚。

（8）炉后检验标准。参照 IPC-610 标准。

3. 再流焊接常见问题及解决措施

再流焊接常见问题及解决措施如表 4-1 所示。

表 4-1　再流焊接常见问题、原因与解决措施

问　题	原　　因	措　　施
焊膏熔化不完全	再流焊峰值温度低或再流时间短，造成焊膏熔化不充分	调整温度曲线，峰值温度一般定在比焊膏熔点高 30～40 ℃，再流时间为 30 s
	再流焊炉横向温度不均匀	适当提高峰值温度或延长再流时间。尽量将 PCB 放置在炉子中间部位进行焊接
	PCB 设计不合理	尽量将大元件排布在 PCB 的同一面，确实排布不开时，应交错排布
	焊膏质量问题——金属粉含氧量高；助焊性能差；或焊膏使用不当：没有回温或使用回收与过期失效的焊膏	不使用劣质焊膏；在有效期内使用；从冰箱取出焊膏，达到室温后才能打开容器盖；回收的焊膏不能与新焊膏混装等

问　题	原　因	措　施
润湿不良	元器件焊端、引脚、印制电路基板的焊盘氧化或污染，或者印制板受潮	元器件先到先用，不要存放在潮湿环境中，不要超过规定的使用日期
	焊膏中金属粉末含氧量高	选择满足要求的焊膏
	焊膏受潮、或使用回收焊膏、或使用过期失效焊膏	回到室温后使用焊膏
吊桥和移位	PCB 设计不合理，两个焊盘尺寸大小不对称，焊盘间距过大或过小，使元件的一个端头不能接触焊盘。	按照 Chip 元件的焊盘设计原则进行设计，注意焊盘的对称性。焊盘间距=元件长度-两个电极的长度+K（0.25±0.05 mm）
	贴片位置偏移；元件厚度设置不正确；贴片头 Z 轴高度过高（贴片压力小），贴片时元件从高处扔下造成。	提高贴装精度，连续生产过程中发现位置偏移时应及时修正贴装坐标。设置正确的元件厚度和贴片高度
	元件质量——焊端氧化或被污染端头电极附着力不良。焊接时元件端头不润湿或端头电极脱落。	严格来料检验制度，严格进行首件焊接后检验，每次更换元件后也要检验，发现端头问题及时更换元件
	PCB 质量——焊盘被污染	严格来料检验制度
	两个焊盘上的焊膏量不一致	清除模板漏孔中的焊膏，印刷时经常擦洗模板底面。如开口过小，应扩大开口尺寸
桥接或短路	焊锡量过多：由于模板厚度与开口尺寸不恰当；模板与印制板不平行或有间隙	减少模板厚度或缩小开口或改变开口形状；调整模板与印制板表面之间距离
	由于焊膏黏度过低，触变性不好	选择黏度适当、触变性好的焊膏
	印刷质量不好，焊膏图形粘连	提高印刷精度并经常清洗模板
	贴片位置偏移	提高贴装精度
	贴片压力过大，焊膏挤出量过多	提高贴片头 Z 轴高度，减小贴片压力
	贴片位置偏移，人工拨正使焊膏图形粘连	提高贴装精度，减少人工拨正的频率
	焊盘间距过窄	修改焊盘设计
焊锡球	焊膏本身质量问题，合金焊粉含量高	控制焊膏质量
	元器件焊端和引脚、印制电路基板的焊盘氧化或污染	严格来料检验，如印制板受潮或污染，贴装前应清洗并烘干
	焊膏使用不当	按规定要求执行
	温度曲线设置不当：升温速率过快，金属粉末随溶剂蒸气飞溅形成焊锡球；预热区温度过低，突然进入焊接区，也容易产生焊锡球	温度曲线和焊膏的升温斜率和峰值温度应基本一致。160 ℃前的升温速度控制在 1～2 ℃/s
	焊膏量过多，焊膏挤出量多：模板厚度或开口大；或模板与 PCB 不平行或有间隙	调整模板与印制板表面之间距离，使接触并平行
	刮刀压力过大，造成焊膏图形粘连；模板底面污染，粘污焊盘以外的地方	严格控制印刷工艺，保证印刷质量
气孔	焊膏中金属粉末的含氧量高、或使用回收焊膏、工艺环境卫生差、混入杂质	控制焊膏质量，制订焊膏使用条例
	焊膏受潮，吸收了空气中的水汽	达到室温后才能使用，控制环境温度为 20～26 ℃、相对湿度为 40%～70%

续表

问 题	原 因	措 施
气孔	元器件焊端、引脚、印制电路基板的焊盘氧化或污染	元器件先到先用，不要存放在潮湿环境中，在规定日期内使用
	升温区的升速率过快，焊膏中的溶剂、气体蒸发不完全，进入焊接区产生气泡、针孔	160 ℃前的升温速度控制在 1～2 ℃/s
锡丝	由于焊盘间距过小，贴片后两个焊盘上的焊膏粘连	扩大焊盘间距
	预热温度不足，PCB 和元器件温度比较低，突然进入高温区，溅出的焊料贴在 PCB 表面而形成	调整温度曲线，提高预热温度
	焊膏中助焊剂的润湿性差	可适当提高一些峰值温度或加长回流时间。或更换焊膏
元件裂纹缺损	元件本身的质量	制订元器件入厂检验制度，更换元器件
	贴片压力过大	提高贴片头 Z 轴高度，减小贴片压力
	再流焊的预热温度或时间不够，突然进入高温区，由于击热造成热应力过大	调整温度曲线，提高预热温度或延长预热时间
	峰值温度过高，焊点突然冷却，击冷造成热应力过大	调整温度曲线，冷却速率应<4 ℃/s

实训 4　回流焊接操作

1. 实训目的

（1）了解回流焊机工作原理。

（2）了解炉温测试仪工作原理。

（3）掌握炉温测试仪和回流焊机操作方法。

2. 实训要求

（1）进入 SMT 实训室要穿戴防静电工作服和防静电鞋。

（2）必须在指导老师的指导下操作设备、仪器、工具和设备。

（3）与实训无关的物品不要带入实训基地，保持室内的环境卫生。

3. 实训设备、工具和材料

（1）设备：同志科技 A8N 回流焊机、炉温测试仪。

（2）工具：防静电手套或静电袋、防静电镊子。

（3）材料：焊锡膏、SMB、表面组装元器件。

4. 实训内容

（1）讲解回流焊机工作原理。

（2）讲解和演示炉温测试仪原理及操作方法。

（3）讲解和演示回流焊机操作方法。

5. 实训报告

思考与习题 4

1. 简述再流焊的工作原理。
2. 简述再流焊机的基本结构。
3. 简述再流焊的工艺过程。
4. 简述再流焊机温度曲线的测定过程。
5. 绘制采用 SAC305 焊锡膏进行再流焊接时的典型温度曲线。
6. 列举常见再流焊的缺陷并分析其产生的原因。
7. 用鱼骨图分析立碑产生的原因及解决的办法。

项目 5

SMT 检测操作

教学导航		
知识目标	◇ 了解表面组装检测工艺的目的； ◇ 掌握表面组装检测方法； ◇ 掌握表面组装检测设备的使用方法； ◇ 掌握表面组装检测标准； ◇ 熟悉检测设备的选用	
能力目标	◇ 了解表面组装检测工艺的目的； ◇ 掌握表面组装检测方法； ◇ 掌握表面组装检测设备的使用方法； ◇ 掌握表面组装检测标准； ◇ 熟悉检测设备的选用	
重点难点	◇ 各种表面组装检测设备的使用； ◇ 表面组装检测标准	
学习方法	◇ 通过视频掌握表面组装设备的操作方法； ◇ 学习行业文件掌握表面组装检测标准	

项目分析

随着SMT的发展和SMA组装密度的提高，以及电路图形的细线化，SMD的细间距化，器件引脚的不可视化等特征的增强，PCB组件的可靠性和高质量将直接关系到该电子产品是否具有高可靠性和高质量，为此必须采用先进的SMT检测技术对PCB组件进行检测。

本项目主要讲解SMT典型的检测方法、典型检测仪的操作方法和SMT检测标准，通过本项目的实训，掌握SMT检测仪器的操作方法，学会判定常用元器件的焊接质量。

5.1 检测方法及设备操作

目前应用在电子组装工业中常使用SMT检测技术的方法可分为视觉检查（Visual Inspection）和电气测试（Electrical Test）。SMT检测技术的方法分类如图5-1所示。

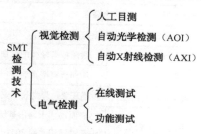

图5-1 SMT检测技术分类

5.1.1 人工目视检验方法

人工目视检验是SMT检验作业的一种基本手段，其主要目的是检验外观不良。目视检验操作作业主要内容包括元器件来料检验、PCB来料检验和工艺材料来料检验。

（1）元器件来料检验方法，如表5-1所示。

测试仪器、仪表、工具：放大镜（5倍）、模拟板、车台控制板。

注意事项：

① 检验时需戴手套，不能直接用手接触集成电路。

② 要有防静电措施。

表5-1 元器件来料检验方法

检测项目	检测方法	检验内容
型号规格	目检	检查信号规格是否符合规定要求
包装、数量	目检	检查包装是否为防静电密封包装
		清点数量是否符合标准
封装、标识	目检	检查封装是否符合要求，表面有无破损、引脚是否平整且无氧化现象
		检查标识是否正确、清晰

续表

检测项目	检测方法	检验内容
功能测试	替代法测试	将需要测试的 IC 与车台板上相同型号的 IC 替代，再进行功能测试，功能正常的判为合格

（2）印制电路板 PCB 检测方法。来料印制电路板检测主要包括外观、尺寸、翘曲度和阻焊膜附着力等，如表 5-2 所示。

表 5-2　来料印制电路板检测方法

检验项目	检验方法	检验内容	
型号规格	目检	检查信号规格是否符合规定要求	
材质	目检	检查材质是否符合规定要求	
包装、数量	目检	检查包装是否为防静电密封包装	
		清点数量是否符合标准	
外形尺寸	目检	测量外形尺寸是否符合要求	
丝印质量	目检	检查表面丝印内容是否正确，有无漏印、印斜、字迹模糊等现象	
PCB 质量	目检	线路板有无弯曲、变形现象	线路板有轻微的弯曲和变形，但不影响安装质量
			线路板有严重的弯曲和变形，影响安装质量
		检查各路线之间是否有桥连现象，焊盘孔、安装孔是否有被堵现象	
		导体线路是否有损坏	表面损坏未露出基层金属，对焊接没有影响，断裂未超过横切面的 20%
			表面损坏露出基层金属，断裂超过横切面的 20%
		表面阻焊膜等是否有起泡、上升或浮起现象	有局部起泡、上升或浮起，在非焊盘或导体区域
			在焊盘或导体处有起泡、上升或浮起等现象，影响焊接质量
		焊盘和贯穿孔的对准度	贯穿孔和焊盘的对准度明显已脱离中心，但与焊盘的距离在 0.05 mm 以上
			贯穿孔与焊盘的对准度很明显地脱离中心
		是否有因斑点、小水泡或膨胀而造成叠板内部纤维分离	
		是否有脏油或外来物影响安装质量	
		有轻微的脏污	

（3）工艺材料来料检验。工艺材料来料检验主要包括焊锡膏、焊锡、助焊剂、黏结剂等材料的检验，如表 5-3 所示。

表 5-3　工艺材料检验方法

序号	检测类别	检测项目	检测方法
1	焊锡膏	金属百分比	加热分离称重法
		焊料球	再流焊
		黏度	旋转式黏度计

续表

序号	检测类别	检测项目	检测方法
1	焊锡膏	粉末氧化均量	俄歇分析法
		无铅检测	荧光 X 射线分析仪
2	焊锡	金属污染量	原子吸附测试
3	助焊剂	活性	铜镜测试
		浓度	比重计
		变质	目测颜色
4	黏结剂	黏性	黏度强度试验

5.1.2　在线测试检验方法

在线测试（In-Circuit Test，ICT）是通过对在线元器件的电性能及电气连接进行测试来检查生产制造缺陷及元器件不良的一种标准测试手段。它主要检查在线的单个元器件及各电路网络的开路、短路情况，具有操作简单、快捷迅速、故障定位准确等特点。在线测试技术分为针床式在线测试技术和飞针式在线测试技术。

1. 针床式在线测试

针床式在线测试是通过对在线元器件的电性能及电气连接进行测试来检查生产制造缺陷及元器件不良的一种标准测试手段。针床测试一般采用针床测试仪，它使用专门的针床与已焊接好的线路板上的元器件焊点接触，并用数百 mV 电压和 10 mA 以内电流进行分立隔离测试，从而精确地测量所装电阻、电感、电容、二极管、可控硅、场效应管、集成电路等通用和特殊元器件的漏装、错装、参数值偏差、焊点连焊、线路板开路、短路等故障。

针床在线测试仪机构如图 5-2 所示。

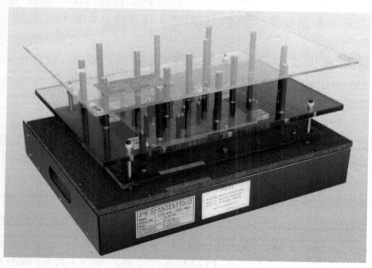

图 5-2　针床在线测试仪

2. 飞针式在线测试

飞针式测试仪是对传统针床在线测试仪的一种改进，它用探针来代替针床，在 X－Y 机构上装有可分别高速移动的 4～8 根测试探针（飞针），最小测试间隙为 0.2 mm，如图 5-3 所示。

图 5-3　飞针式在线测试仪

工作时测试电路板通过皮带或者其他传送系统输送到测试机内，然后固定，测试仪的探针根据预先编排的坐标位置程序移动并接触测试焊盘和通路孔，从而测试在测单元的单个元件，测试探针通过多路传输系统连接到驱动器（信号发生器、电源等）和传感器（数字万用表、频率计数器等）来测试单元上的元件。飞针测试仪可以检查电阻器的电阻值、电容器的电容值、电感器的电感值、器件的极性，以及短路（桥接）和开路（断路）等参数。

3. 在线测试操作指导

（1）打开 ICT 电源，ICT 进入测试画面，打开测试程序。ICT 测试时需要用标准样件检测 ICT 的测试功能和测试程序，开始测试时需要再次确认测试程序名称、程序版本是否合适。

（2）取目检好的 PCBA，双手拿住板边，放置于测试工装内，以定柱为基准，将 PCB 正确安装于治具上，定位针于定位孔要准确，定位针不可有松动现象。

（3）双手同时按下启动开关。

（4）气动头下降到底部后，开始自动测试。

（5）确认测试结果，如果屏幕出现"PASSED"为良品，则用记号笔在规定的位置作标识，如果屏幕上出现"FAIL"字样或整屏幕成红色，则为不良品，打印出不良内容贴于板面上。

（6）测试不良板经两次在测之后 OK，则判为良品；若仍 NG，则判为不良品。

（7）按一下启动开关，启动开关上升，双手拿住板边取下 PCBA，放到台面上。

（8）重复（2）～（4）步骤，测试另一块 PCBA。

（9）根据（5）对放置在工作台上的 PCBA 进行处理，测试 OK 的 PCBA 用箱头笔在规定位置打上记号后进行包装。

5.1.3 自动光学检测方法

自动光学检测（Automatic Optical Inspection，AOI）以前主要用于 PCB 制造行业中，但随着元件小型化及对生产效率的不断追求，AOI 技术已经深入 SMT 生产线的各个领域，如印刷前 PCB 检验、印刷质量检验、贴片质量检验、焊接质量检验等。各工序的自动光学检测几乎完全替代了人工检测操作，提高了产品质量和生产效率。

1. 自动光学检测工作原理

AOI 通过光源对 PCB 板进行照射，用光学镜头将 PCB 的反射光采集进计算机，通过计算机软件对包含 PCB 信息的色彩差异或灰度比进行分析处理，从而判断 PCB 板上焊锡膏印刷、元件放置、焊点焊接质量等情况，可以完成的检查项目一般包括元器件缺漏检查、元器件识别、SMD 方向检查、焊点检查、引线检查、反接检查等。在记录缺陷类型和特征的同时通过显示器把缺陷显示/标示出来，向操作者发出信号，或者触发执行机构自动取下不良部件送回返修系统，如图 5-4 所示。AOI 在生产线中不同位置的检测示意图如图 5-5 所示。

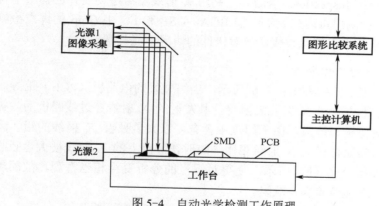

图 5-4 自动光学检测工作原理

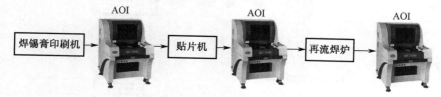

图 5-5 AOI 在生产线中不同位置的检测示意图

2. 自动光学检测特点

（1）高速检测系统与 PCB 板贴装密度无关。

（2）快速便捷的编程系统。

（3）运用丰富的专用多功能检测算法和二元或灰度水平光学成像处理技术进行检测。

（4）根据被检测元件位置的瞬间变化进行检测窗口的自动化校正，达到高精度检测。

（5）通过用墨水直接标记于 PCB 板上或在操作显示器上用图形错误表示来进行检测电路的核对。

3. 自动光学检测操作指导

（1）检测 AOI 轨道是否与 PCBA 宽度一致，确认 AOI 检测程序是否正确。

（2）拿下经过再流焊机焊接后的 PCBA，置于台面上冷却后，将板的定位孔靠向 AOI 操作一侧，放入 AOI 进行检测。

（3）若屏幕右上角显示 OK，表明 AOI 判定此板为 OK。若屏幕右上角显示 NG，表面 AOI 判定此板为 NG 板。

（4）测试 OK 的板，在规定的位置用箱头笔打上记号。若为 NG 则标示不良位置并挂上不良品跟踪卡，传入下一个工位。

（5）AOI 测试员必须佩带静电带操作，保持机器周围清洁，并清洁机器的外表面。

（6）AOI 误测较多时，及时通知 AOI 技术员调试程序。

4. 自动 X 射线检验方法

AOI 系统的不足之处是只能进行图形的直观检验，检测的效果依赖光学系统的分辨率，它不能检测不可见的焊点和元器件，也不能从电性能上定量地进行测试。自动 X 射线检验（Automatic X-ray Inspection，AXI）是利用 X 射线可穿透物质并在物质中有衰减的特性来发现缺陷，主要检测焊点内部缺陷，如 BGA、CSP 和 FC 中 Chip 的焊点检测。尤其对 BGA 组件的焊点检查，作用无可替代，但对错件的情况不能判别。

1）自动 X 射线检验工作原理

自动 X 射线检测工作原理如图 5-6 所示。当组装好的电路板（PCB）沿导轨进入机器内部后，位于线路板上方有一 X 射线发射管，其发射的 X 射线穿过线路板后，被置于下方的探测器（一般为摄像机）接收，由于焊点中含有可以大量吸收 X 射线的铅，因此与穿过玻璃纤维、铜、硅等其他材料的 X 射线相比，照射在焊点上的 X 射线被大量吸收，而呈黑点产生良好图像，如图 5-6（b）所示，使得对焊点的分析变得相当直观，故简单的图像分析算法便可自动且可靠地检验焊点缺陷。

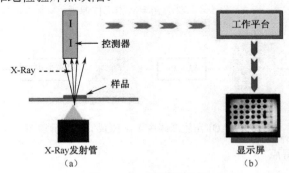

图 5-6　AXI 检测原理

2）自动 X 射线检验特点

（1）对工艺缺陷的覆盖率高达 97%。可检查的缺陷包括虚焊、桥连、立碑、焊料不足、气孔、器件漏装等。尤其是 X-ray 对 BGA、CSP 等焊点隐藏器件也可检查。

（2）较高的测试覆盖度。可以对人眼和在线测试检查不到的地方进行检查。例如，PCBA 被判断故障，怀疑是 PCB 内层走线断裂，X-ray 可以很快地进行检查。

（3）测试的准备时间大大缩短。

（4）能观察到其他测试手段无法探测到的缺陷，如：虚焊、空气孔和成形不良等。

（5）对双面板和多层板只需检查一次（带分层功能）。

（6）提供相关信息，用来对生产工艺过程进行评估如焊膏厚度、焊点下的焊锡量等。

3）自动 X 射线检验操作指导

（1）检查机器，打开电源。

（2）等待机器真空度达到使用标准，开始进行机器预热。

（3）装入样板。

（4）扫描并调节图像。

（5）将图像移到要检查的位置。

（6）保存或打印所需的图像文件。

（7）重复（3）～（6）检测另一个需要检测的位置或者更换样板进行检测。

（8）每天第一次开机必须进行一次预热，两次使用间隔超过 1 h 也必须进行一次预热。

（9）放入样板高度不能超过 50 mm。

5.2　SMT 检测标准

1. 芯片状（Chip）零件的对准度（组件 X 方向）

理想状况： 　芯片状零件恰好在焊垫的中央且未发生偏出，所有各金属封头都能完全与焊垫接触。注：此标准适用于三面或五面的芯片状零件	W　W
允收状况： 　零件横向超出焊垫以外，但尚未大于其零件宽度的50%。 （$X \leqslant 1/2W$）	$X \leqslant 1/2W$　$X \leqslant 1/2W$
拒收状况： 　零件已横向超出焊垫，大于零件宽度的50%（MI）。 （$X > 1/2W$） 以上缺陷有一个就拒收	$X > 1/2W$　$X > 1/2W$

2. 芯片状（Chip）零件的对准度（组件 Y 方向）

理想状况： 芯片状零件恰好在焊垫的中央且未发生偏出，所有各金属封头都能完全与焊垫接触。 注：此标准适用于三面或五面的芯片状零件	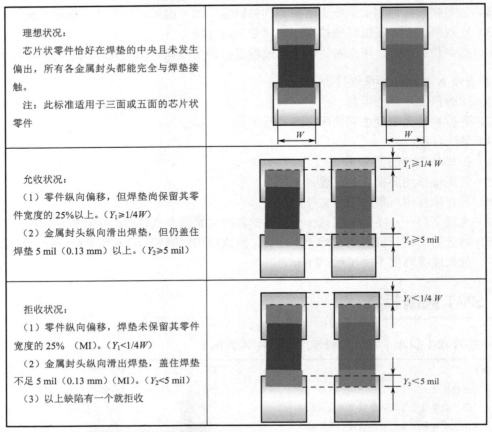
允收状况： （1）零件纵向偏移，但焊垫尚保留其零件宽度的 25% 以上。（$Y_1 \geqslant 1/4W$） （2）金属封头纵向滑出焊垫，但仍盖住焊垫 5 mil（0.13 mm）以上。（$Y_2 \geqslant 5$ mil）	
拒收状况： （1）零件纵向偏移，焊垫未保留其零件宽度的 25%（MI）。（$Y_1 < 1/4W$） （2）金属封头纵向滑出焊垫，盖住焊垫不足 5 mil（0.13 mm）（MI）。（$Y_2 < 5$ mil） （3）以上缺陷有一个就拒收	

3. 圆筒形（Cylinder）零件的对准度

理想状况： 组件的"接触点"在焊垫中心。 注：为明了起见，焊点上的锡已省去	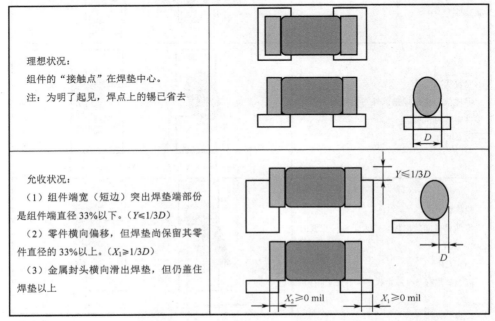
允收状况： （1）组件端宽（短边）突出焊垫端部份是组件端直径 33% 以下。（$Y \leqslant 1/3D$） （2）零件横向偏移，但焊垫尚保留其零件直径的 33% 以上。（$X_1 \geqslant 1/3D$） （3）金属封头横向滑出焊垫，但仍盖住焊垫以上	

| 拒收状况：

（1）组件端宽（短边）突出焊垫端部份是组件端直径 33% 以上。（MI）。（$Y>1/3D$）

（2）零件横向偏移，但焊垫未保留其零件直径的 33% 以上（MI）。（$X_1<1/3D$）

（3）金属封头横向滑出焊垫 | 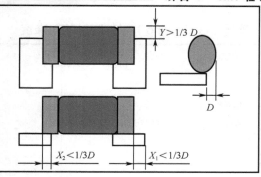 |

4. 鸥翼（Gull-Wing）零件脚面的对准度

理想状况： 各接脚都能在各焊垫的中央，而未发生偏滑	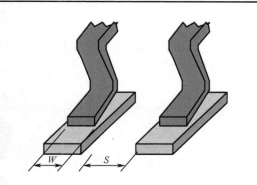
允收状况： （1）各接脚已发生偏滑，所偏出焊垫以外的接脚，尚未超过接脚本身宽度的 50%。（$X\leqslant 1/2W$） （2）偏移接脚的边缘与焊垫外缘的垂直距离≥5 mil	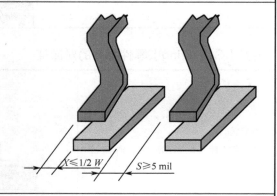
拒收状况： （1）各接脚已发生偏滑，所偏出焊垫以外的接脚，已超过接脚本身宽度的 50%。（$X>1/2W$） （2）偏移接脚的边缘与焊垫外缘的垂直距离<5 mil（0.13 mm）。（$S<5$ mil） （3）以上缺陷有一个就拒收	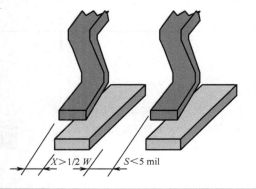

5. 鸥翼（Gull-Wing）零件脚趾的对准度

理想状况： 各接脚都能在各焊垫的中央，而未发生偏滑	
允收状况： 各接脚已发生偏滑，所偏出焊垫以外的接脚，尚未超过焊垫侧端外缘	
拒收状况： 各接脚侧端外缘，已超过焊垫侧端外缘（MI）	

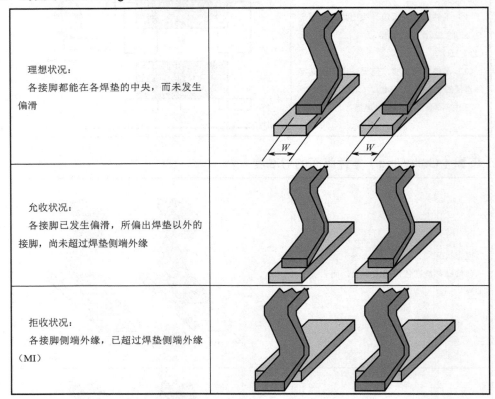

6. 鸥翼（Gull-Wing）零件脚跟的对准度

理想状况： 各接脚都能在各焊垫的中央，而未发生偏滑	
允收状： 各接脚已发生偏滑，接脚跟剩余焊垫的宽度，最少保留一个接脚宽度（$X \geq W$）	

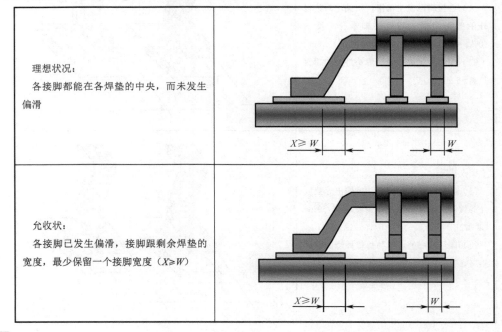

拒收状况：

各接脚已发生偏滑，接脚跟剩余焊垫的宽度，已小于接脚宽度（$X<W$）

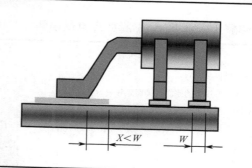

7. J 形脚零件对准度

理想状况：

各接脚都能在各焊垫的中央，而未发生偏滑

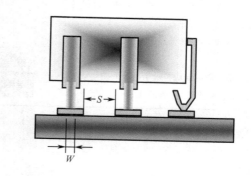

允收状况：

（1）各接脚已发生偏滑，所偏出焊垫以外的接脚，尚未超过接脚本身宽度的50%。（$X≤1/2W$）

（2）偏移接脚的边缘与焊垫外缘的垂直距离≥5 mil（0.13 mm）以上。

（$S≥5$ mil）

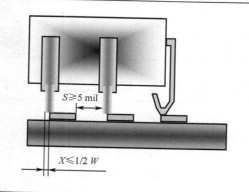

拒收状况：

（1）各接脚已发生偏滑，所偏出焊垫以外的接脚，已超过接脚本身宽度的 50%。（$X>1/2W$）

（2）偏移接脚的边缘与焊垫外缘的垂直距离<5 mil（0.13 mm）以下。（$S<5$ mil）

（3）以上缺陷有一个就拒收。

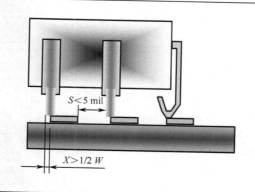

8. 鸥翼（Gull-Wing）脚面焊点最小量

理想状况： （1）引线脚的侧面，脚跟吃锡良好。 （2）引线脚与板子焊垫间呈现凹面焊锡带。 （3）引线脚的轮廓清楚可见	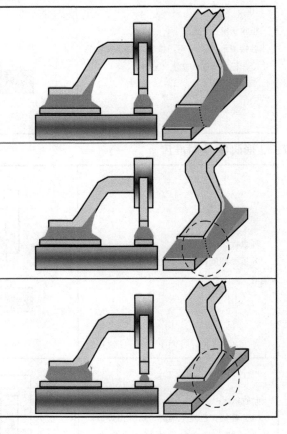
允收状况： （1）引线脚与板子焊垫间的焊锡，连接很好且呈一凹面焊锡带。 （2）锡少，连接很好且呈一凹面焊锡带。 （3）引线脚的底边与板子焊垫间的焊锡带至少涵盖引线脚的95%以上	
拒收状况： （1）引线脚的底边和焊垫间未呈现凹面焊锡带。 （2）引线脚的底边和板子焊垫间的焊锡带未涵盖引线脚的95%以上。 （3）以上缺陷任何一个都不能接收。	

9. 鸥翼（Gull-Wing）脚面焊点最大量

理想状况： （1）引线脚的侧面，脚跟吃锡良好。 （2）引线脚与板子焊垫间呈现凹面焊锡带。 （3）引线脚的轮廓清晰可见	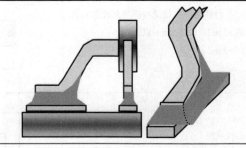
允收状况： （1）引线脚与板子焊垫间的焊锡连接很好且呈一凹面焊锡带。 （2）引线脚的侧端与焊垫间呈现稍凸的焊锡带。 （3）引线脚的轮廓可见	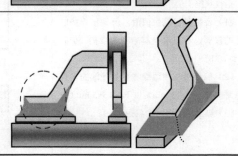

拒收状况： （1）焊锡带延伸过引线脚的顶部（MI）。 （2）引线脚的轮廓模糊不清（MI）。 （3）以上缺陷任何一个都不能接收。	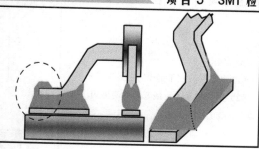

10. 鸥翼（Gull-Wing）脚跟焊点最小量

理想状况： 脚跟的焊锡带延伸到引线上弯曲处底部（B）与下弯曲处顶部（C）间的中心点。 　注：A：引线上弯顶部 　　　B：引线上弯底部 　　　C：引线下弯顶部 　　　D：引线下弯底部	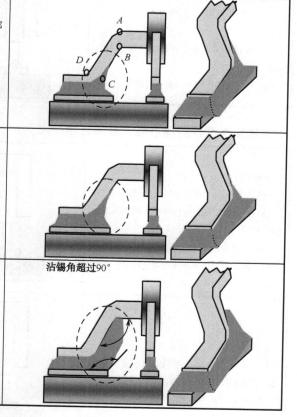
允收状况： 脚跟的焊锡带已延伸到引线上弯曲处的底部（B）	
拒收状况： 脚跟的焊锡带延伸到引线上弯曲处的底部（B），延伸过高，且沾锡角超过 90° 才拒收	沾锡角超过90°

11. J 形接脚零件的焊点最小量

理想状况： （1）凹面焊锡带存在于引线的四侧。 （2）焊锡带延伸到引线弯曲处两侧的顶部（A，B）。 （3）引线的轮廓清晰可见。 （4）所有的锡点表面皆吃锡良好	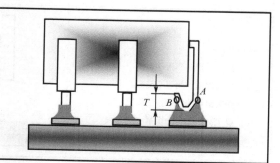

允收状况： （1）焊锡带存在于引线的三侧。 （2）焊锡带涵盖引线弯曲处两侧的 50%以上（$h \geq 1/2T$）	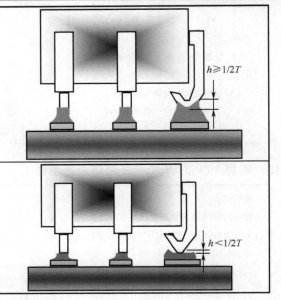
拒收状况： （1）焊锡带存在于引线的三侧以下（MI）。 （2）焊锡带涵盖引线弯曲处两侧的 50%以下（$h < 1/2T$）。 （3）以上缺陷任何一个都不能接收。	

12. J 形接脚零件的焊点最大量工艺水平点

理想状况： （1）凹面焊锡带存在于引线的四侧。 （2）焊锡带延伸到引线弯曲处两侧的顶部（A，B）。 （3）引线的轮廓清晰可见。 （4）所有的锡点表面皆吃锡良好	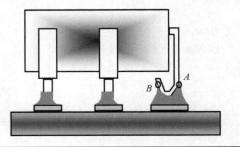
允收状况： （1）凹面焊锡带延伸到引线弯曲处的上方，但在组件本体的下方。 （2）引线顶部的轮廓清晰可见	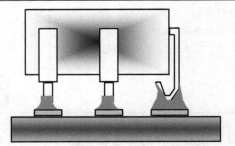
拒收状况： （1）焊锡带接触到组件本体。 （2）引线顶部的轮廓不清楚。 （3）锡突出焊垫边。 （4）以上缺陷任何一个都不能接收	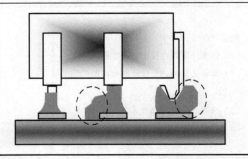

13. 芯片状（Chip）零件的最小焊点（三面或五面焊点）

理想状况： （1）焊锡带是凹面并且从芯片端电极底部延伸到顶部的 2/3H 以上。 （2）锡皆良好地附着于所有的可焊接面。	
允收状况： （1）焊锡带延伸到芯片端电极高度的 25% 以上（$Y \geq 1/4H$） （2）焊锡带从芯片外端向外延伸到焊垫端的距离为芯片高度的 25% 以上（$X \geq 1/4H$）	
拒收状况： （1）焊锡带延伸到芯片端电极高度的 25% 以下。（$Y < 1/4H$） （2）焊锡带从芯片外端向外延伸到焊垫端的距离为芯片高度的 25% 以下。（$X < 1/4H$） （3）以上缺陷任何一个都不能接收	

14. 芯片状（Chip）零件的最大焊点（三面或五面焊点）

理想状况： （1）焊锡带是凹面并且从芯片端电极底部延伸到顶部的 2/3H 以上。 （2）锡皆良好地附着于所有可焊接面。	
允收状况： （1）焊锡带稍呈凹面并且从芯片端电极底部延伸到顶部。 （2）锡未延伸到芯片端电极顶部的上方。 （3）锡未延伸出焊垫端。 （4）可看出芯片顶部的轮廓	
拒收状况： （1）锡已超越到芯片顶部的上方。 （2）锡延伸出焊垫端。 （3）看不到芯片顶部的轮廓。 （4）以上缺陷任何一个都不能接收	

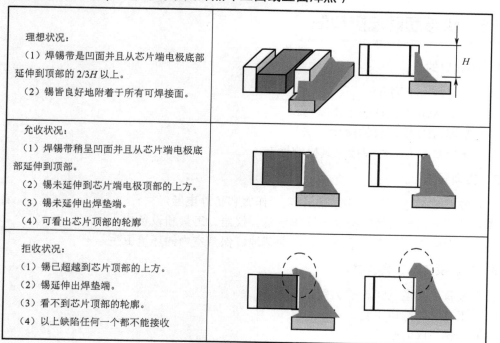

15. 焊锡性问题（锡珠、锡渣）

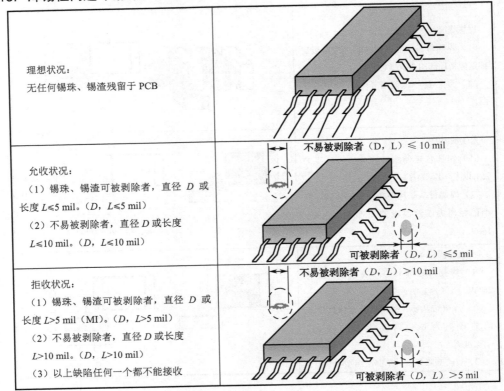

理想状况： 无任何锡珠、锡渣残留于 PCB	
允收状况： （1）锡珠、锡渣可被剥除者，直径 D 或长度 $L \leqslant 5$ mil。（D，$L \leqslant 5$ mil） （2）不易被剥除者，直径 D 或长度 $L \leqslant 10$ mil。（D，$L \leqslant 10$ mil）	不易被剥除者（D，L）$\leqslant 10$ mil 可被剥除者（D，L）$\leqslant 5$ mil
拒收状况： （1）锡珠、锡渣可被剥除者，直径 D 或长度 $L > 5$ mil（MI）。（D，$L > 5$ mil） （2）不易被剥除者，直径 D 或长度 $L > 10$ mil。（D，$L > 10$ mil） （3）以上缺陷任何一个都不能接收	不易被剥除者（D，L）> 10 mil 可被剥除者（D，L）> 5 mil

实训 5 焊接质量检测操作

1. 实训目的

（1）了解常用检测方法。

（2）掌握 AOI 检测仪的工作原理。

（3）掌握 AOI 检测仪的操作方法。

（4）掌握常用元器件焊接质量检测标准。

2. 实训要求

（1）进入 SMT 实训室要穿戴防静电工作服和防静电鞋。

（2）必须在指导老师的指导下操作设备、仪器、工具和设备。

（3）与实训无关的物品不要带入实训基地，保持室内的环境卫生。

3. 实训设备、工具和材料

（1）设备：小型 AOI，放大镜。

（2）工具：防静电手套。

（3）材料：PCBA。

4. 实训内容

1. 讲解 AOI 检测仪的工作原理。

2. 讲解和演示 AOI 检测仪的操作方法。

3. 对照检测标准，学会判定 SMT 焊接质量。

5. 实训报告

思考与习题 5

1. 简述检测工艺的分类。

2. 简述 SMT 来料检测的主要内容。

3. 飞针测试仪与在线针床测试仪二者有何不同？

4. 简述 AOI 在 SMT 生产线上的位置及其检测的内容。

5. 比较 AOI 和 AXI 两种检测设备的不同。

6. 写出三种元器件的检测标准。

项目6

SMT 返修操作

教 学 导 航	知识目标	✧ 了解表面组装返修工艺的目的; ✧ 掌握各类元器件的返修方法; ✧ 掌握各种返修工具的使用方法
	能力目标	✧ 能够熟练使用各种返修工具; ✧ 能够对不同的元器件进行返修; ✧ 能够对 BGA 进行返修
	重点难点	✧ 各类元器件的返修方法; ✧ 各种返修工具的使用方法; ✧ BGA 的返修
	学习方法	✧ 通过多练习,熟练掌握各种返修方法操作

项目分析

SMT 的返修，通常是为了去除失去功能、损坏引线或排列错误的元器件，重新更换新的元器件。或者说就是使不合格的电路组件恢复成与特定要求一致的合格的电路组件。通常 SMA 在焊接后，其成品率不可能达到 100%，会或多或少地出现一些缺陷。在这些缺陷之中，有些属于表面缺陷，影响焊点的表面外观，不影响产品的功能和寿命，可根据实际情况决定是否需要返修，但有些缺陷如错位、桥连等，会严重影响产品的功能和寿命，此类缺陷必须进行返修或返工。

本项目主要介绍 SMT 返修常用的材料、工具和设备，典型元器件返修的具体操作方法。

6.1　返修工具设备

6.1.1　返修材料、工具和设备

SMT 常用返修材料、工具和设备如表 6-1 所示。

表 6-1　SMT 返修常用材料、工具和设备

材　料	工具及设备	
清洁剂	片式移动爪	放大镜
助焊剂	焊接手柄	恒温电烙铁
耐热带	镊子手柄	预热炉
刷子	热风束	真空吸锡器
拭纸或擦布	热风头	垫板
护脸装置	镊子手柄	喷锡系统
焊锡丝	拆卸头	套管和喷嘴
静电手套	凿子头	热风拔放台
酒精	热风管	热风返修台
吸锡编织带	宽平头	焊接系统

1. 电烙铁

1）电烙铁的结构

电烙铁主要由以下几部分组成。

（1）发热元件（俗称烙铁芯）。它是将镍铬发热电阻丝缠在云母、陶瓷等耐热、绝缘材料上构成的。内热式与外热式主要区别在于外热式发热元件在传热体的外部，而内热式的发热元件在传热体的内部。

（2）烙铁头。作为热量存储和传递的烙铁头，一般用紫铜制成。

（3）手柄。一般用实木或胶木制成，手柄设计要合理，否则因温升过高而影响操作。

（4）接线柱。是发热元件同电源线的连接处。必须注意：一般烙铁有三个接线柱，其

中一个是接金属外壳的，接线时应用三芯线将外壳接保护零线。

2）电烙铁的分类

根据传热方式分，可分为内热式电烙铁和外热式电烙铁。根据用途分，可分为恒温电烙铁、吸锡电烙铁和自动送锡电烙铁。

（1）内热式电烙铁。内热式电烙铁由烙铁芯、烙铁头、弹簧夹、连接杆、手柄、接线柱、电源线及紧固螺丝组成。其热效率高，烙铁头升温快、体积小、重量轻，但使用寿命较短。内热式电烙铁的规格多为小功率的，常用的有 20W、25W、35W、50W 等，其结构如图 6-1 所示。

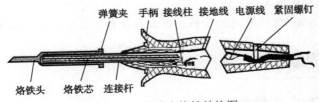

图 6-1　内热式电烙铁结构图

（2）外热式电烙铁。外热式电烙铁的组成部分与内热式电烙铁相同，但外热式电烙铁的烙铁头安装在烙铁芯内，即产生热能的烙铁芯在烙铁头外面，因此称为外热式电烙铁。它的优点是经久耐用、使用寿命长，长时间工作时温度平稳，焊接时不易烫坏元器件，但其体积较大、升温慢。外热式电烙铁常用的规格有 25 W、45 W、75 W、100 W、200 W 等，其结构如图 6-2 所示。

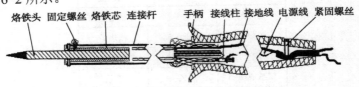

图 6-2　外热式电烙铁结构图

（3）恒温电烙铁。恒温电烙铁的温度能自动调节保持恒定。常用的恒温电烙铁有磁控恒温烙铁和热电耦检测控温式自动调温恒温电烙铁（又称自控焊台）两种。磁控恒温电烙铁是借助于电烙铁内部的磁性开关而达到恒温的目的。而自控焊台是依靠温度传感元件监测烙铁头温度，并控制电烙铁的供电电路输出的电压高低，从而达到自动调节烙铁温度，使烙铁温度恒定的目的，图 6-3 所示为磁性恒温电烙铁结构图。

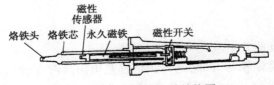

图 6-3　磁控恒温烙铁结构图

3）电烙铁的使用

电烙铁的使用方法主要包括以下几个步骤。

（1）准备施焊。左手拿焊丝，右手握烙铁，进入备焊状态。要求烙铁头保持干净，无

焊渣等氧化物，并在表面镀有一层焊锡。元器件成形，引脚处于笔直状态，印制电路板要处于水平状态。

（2）加热焊件。烙铁头靠在两焊件的连接处，加热整个焊件，时间为 1～2 s。对于在印制板上焊接元器件来说，要注意使烙铁头同时接触两个被焊接物。

（3）送入焊丝。焊件的焊接面被加热到一定温度时，焊锡丝从烙铁对面接触焊件。注意，不要把焊锡丝直接送到烙铁头上。

（4）移开焊丝。当焊丝熔化一定量后，立即向左上或 45°方向移开焊丝。

（5）移开烙铁。移开焊丝后再加热 1 s，等焊锡浸润焊盘和焊件的施焊部位以后，沿着元器件引脚迅速向上移开电烙铁，结束焊接（移开电烙铁后不能移动元器件，防止虚焊情况发生）。从第（3）步开始到第（5）步结束，时间大约为 1～2 s。焊接的基本操作步骤如图 6-4 所示。

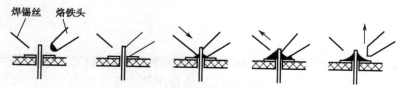

图 6-4 焊接的基本操作步骤

在使用电烙铁时，还应该注意以下几点。

① 新烙铁通电时，要先浸松香水。

② 初次使用的电烙铁要先在烙铁头上浸一层锡。

③ 焊接时要使用松香水或无腐蚀的助焊剂。

④ 擦拭电烙铁要用浸水海绵或湿布。

⑤ 不要用砂纸或锉刀打磨烙铁头（修整时除外）。

⑥ 焊接结束后，不要擦去烙铁头上留下的焊料。

⑦ 电烙铁外壳要接地，长时间不用时，要切断电源。

⑧ 要常清理外热式电烙铁壳体内的氧化物，防止烙铁头卡死在壳体内。

2. 热风枪

1）热风枪的结构

热风枪是一种贴片元件和贴片集成电路的拆焊、焊接工具，热风枪主要由气泵、线性电路、气流稳定器、外壳、手柄组件组成，如图 6-5 所示。

（a）手持式热风枪

（b）热风枪拆焊台

图 6-5 热风枪

2）热风枪的使用

（1）正确调节热风枪的温度。如吹焊内联座需要 280～300 ℃的温度，高了会吹变形，低了吹不下来。吹焊软封装 IC 就需要 300～320 ℃的温度，高了容易吹坏 IC，低了吹不下来，且容易损坏焊盘，造成不可修复的故障。

（2）正确调节它的风速。初学者使用热风台时，应该把"温度"和"送风量"旋钮都置于中间的位置。

（3）使用时应垂直于 IC 且在距离元件 1～2 cm 的位置均匀移动吹焊，不能直接接触元器件引脚，也不要过远。直到 IC 完全松动方才可取下 IC，否则，会损坏焊盘。

（4）焊接或拆除元件时，一次不要连续吹热风超过 20 s，同一位置使用热风不要超过 3 次，以免损坏元器件或引脚。

（5）使用完或不用时，将温度调到最低，风速调到最大。这样既方便散热又能很快升温使用，延长使用寿命。

3. 返修工作台

在新产品的开发中，经常会遇到印制电路板焊接后 QFP、PLCC、BGA 等元器件出现移位、桥连和虚焊等各种缺陷，这类元器件的返修使用的设备称为返修工作台。返修工作台是利用热风将芯片引脚焊锡熔化，拆装或焊接 QFP、PLCC、BGA 等大型器件。其优点是受热均匀，不会损伤印制电路板和芯片，适合于多层电路板的快速返工。常见的返修工作台如图 6-6 所示，基本结构由以下几个部分组成。

图 6-6　返修工作台

（1）返修台。返修台主要用于夹紧要返修的印制电路板，调整工作台的 X、Y 旋钮，可以使器件底部图像与印制电路板焊盘图像完全吻合。

（2）光学系统。光学系统主要包括高倍摄像头或显微镜、监视器及光学对中系统。

（3）加热系统。加热系统用于对顶、底部元件及电路板局部加热，加热温度曲线可根据需要自行设置，通过编程来实现控制。目前加热系统都采用热风加热，也可以采用红外加热。

（4）热风控制系统。主要用于控制加热时的热风流量。

（5）真空系统。通过外置或内置真空泵提供气源，拆装 QFP、PLCC、BGA 等器件。

（6）计算机控制系统。该系统有控制光学系统、加热系统、热风控制系统和操作系统。

6.2 各类元器件的返修

6.2.1 CHIP 元件的返修方法

（1）涂覆助焊剂。用细毛笔蘸助焊剂涂在有缺陷的 CHIP 元件焊点上。

（2）加热焊点。用马蹄形烙铁头加热元件两端焊点，加热时间不要太长，以防元件受热损坏。

（3）取下元件。焊点熔化后，用镊子夹持元件离开焊盘。

（4）清洗焊盘。待元件取下后，清除元件上残留的焊锡，为焊接做准备。

（5）焊接元件。用镊子夹持元件，将元件的两个焊端移到相应的焊盘位置上。然后按照手工焊接的正确操作，进行片式元件的手工焊接。待烙铁头离开焊点后再松开镊子。

（6）返修时注意，CHIP 元件只能按以上方法修整一次，而且烙铁不能长时间接触两端的焊点，否则容易造成 CHIP 元件脱帽。

6.2.2 SOP 元件的返修方法

（1）用细毛笔蘸助焊剂涂在器件两侧的所有引脚焊点上。

（2）用双片扁铲式马蹄形烙铁头同时加热器件两端所有的引脚焊点。

（3）待焊点完全熔化后，用镊子夹持元件离开焊盘。

（4）用普通电烙铁将焊盘和器件引脚上残留的焊锡清洗干净，并使其平整。

（5）用镊子夹持器件，对准极性和方向，使引脚与焊盘对齐，将 SOP 放置在相应的焊盘上，用电烙铁先焊牢器件斜对角的 1～2 个引脚。

（6）涂助焊剂，从第 1 个引脚开始按顺序向下缓慢匀速拖拉烙铁，同时加少许直径为 0.5～0.8 mm 的焊锡丝，将器件两侧引脚全部焊好。

（7）检测。

6.2.3 QFP 元件的返修方法

（1）首先检查器件周围有无影响方形烙铁头操作的元件，应先将这些元件拆卸，待返修完毕再焊上将其复位。

（2）用细毛笔蘸助焊剂涂在器件四周的所有引脚焊点上。

（3）选择与器件尺寸相匹配的四方形烙铁头（小尺寸器件用 35 W，大尺寸器件用 50 W），在四方形烙铁头端面上加适量的焊锡，扣在需要拆卸器件引脚的焊点处，四方形烙铁头要放平，必须同时加热器件四端所有的引脚焊点。

（4）待焊点完全融化后，用镊子夹持器件立即离开焊盘和烙铁头。

（5）用普通电烙铁将焊盘和器件引脚上残留的焊锡清洗干净，并使其平整。

（6）用镊子夹持器件，对准极性和方向，使引脚与焊盘对齐。居中贴放在相应的焊盘上，对准后用镊子按住不要移动。

（7）用扁铲形烙铁头先焊牢器件斜对角的 1～2 个引脚，以固定器件位置，确认无误后，用细毛笔蘸助焊剂涂在器件四周的所有引脚和焊盘上，沿引脚脚趾与焊盘交接处从第 1

个引脚开始按顺序向下缓慢匀速拖动，同时加少许直径为 0.5～0.8 mm 的焊锡丝，用此方法将器件四侧引脚全部焊牢。

（8）焊接 PLCC 器件时，烙铁头与器件的角度应小于 45°，在 J 形引脚弯曲面与焊盘交接处进行焊接。

6.2.4　BGA 元件的返修方法

采用返修工作台对 BGA 元件进行返修的方法如下。

1）预热

PCB 和 BGA 在返修前要预热，恒温烘箱温度一般设定为 80～100 ℃，时间为 8～12 h，以去除 PCB 和 BGA 内部的湿气，杜绝返修加热时产生爆裂现象。

2）拆卸

将 PCB 放在返修站定位支架上，选择合适的热风回流喷嘴，设定合适的焊接温度曲线，启动触摸屏加热按钮，待程序运行结束后，手动移开热风头，然后用真空吸嘴笔将BGA 吸走。

3）清理焊盘

在对 PCB 和 BGA 进行焊盘清理时，一是要用吸锡线来拖平，二是要用烙铁头直接拖平。最好在 BGA 拆下的最短时间内去除焊锡，这时 BGA 还没有完全冷却，温差对焊盘的损伤较小，在去除焊锡的过程中使用助焊剂可提高焊锡的活性，有利于焊锡的去除。为了保证 BGA 的焊接可靠性，在清除焊盘残留焊膏时尽量用一些挥发性强的溶剂、洗板水、工业酒精。

4）BGA 的植珠

（1）选择对应的植珠钢网。
（2）将钢网开口与 BGA 焊盘对中。
（3）取下钢网，在 BGA 焊盘上使用毛刷均匀适量地涂上助焊膏；
（4）重新将钢网放在植珠台上；
（5）将锡珠撒在钢网上，完成锡球的放置。

5）BGA 锡珠焊接

在返修工作台的底部加热区加热，将锡珠焊接在 BGA 的焊盘上。

6）涂敷助焊剂

在 PCB 的焊盘上用毛刷涂上一层助焊剂，如涂的过多会造成短路，反之，则容易空焊，所以焊膏的涂布要均匀适量，以去除 BGA 锡球上的灰尘和杂质，提高焊接的效果。

7）贴装

（1）将 BGA 对中贴装到 PCB 上。采用手工对位时，以丝印框线作为辅助对位，锡球与焊盘上的锡面可以通过手感确认 BGA 是否对中贴装，同时使回流熔化时焊点之间的张力产生良好的自对中效果。

（2）BGA 与焊盘对中以后，在焊接开始前需要将温度传感器放置在 BGA 的下方，以便在焊接开始后检测出 BGA 底部的实时温度值。

8）焊接

（1）将贴装好 BGA 的 PCB 放到定位支架上，将热风头下移到工作位置。

（2）选择合适的热风回流喷嘴并设定合适的焊接温度曲线。

（3）启动触摸屏的加热按钮，运行焊接程序，待程序运行结束后，上方冷却风扇开始对 BGA 进行冷却，此时将上方的热风头提升，使热风喷嘴底部距离 BGA 上表面 8～10 mm，并保持冷却 30～40 s，或待启动开关灯灭后，移开热风头，再将 PCB 板从下加热区定位架上平稳地取走。

实训 6　返修常用 SMT 元器件

1. 实训目的

（1）了解元器件返修工作过程。

（2）掌握常见返修工具设备的原理和操作。

（3）掌握常见元器件返修操作方法。

2. 实训要求

（1）进入 SMT 实训室要穿戴防静电工作服和防静电鞋。

（2）必须在指导老师的指导下操作设备、仪器、工具和设备。

（3）与实训无关的物品不要带入实训基地，保持室内的环境卫生。

3. 实训设备、工具和材料

（1）设备：手持热风枪、热风枪工作台、返修工作台。

（2）工具：防静电手套、电烙铁。

（3）材料：焊锡膏、SMB、表面组装元器件。

4. 实训内容

（1）讲解返修的工作过程。

（2）讲解和演示电烙铁、热风枪和返修工作台的操作方法。

（3）讲解和演示常见元器件的返修操作方法。

5. 实训报告

思考与习题 6

1. 简述表面组装返修工艺的作用。

2. 简述电烙铁的使用方法。

3. 简述热风枪的使用方法。

4. 简述返修工作台的使用步骤。

5. 写出 CHIP 元件的返修方法。

6．写出 SOP 元件的返修方法。

7．写出 QFP 元件的返修方法。

综合实训　组装小型电子产品

1．实训目的

通过组装小型电子产品，体验 SMT 技术的特点，掌握 SMT 技术中的焊锡膏印刷、SMC/SMD 贴装、再流焊接、检测所用的设备和操作方法。

2．实训器材

本实训产品中共有 13 个贴片元器件，3 个插件元器件，实训器材清单如下。

序　号	实训仪器设备	数　量	备　注
1	Autonics 印刷机	1	全班公用
2	Autonics TP50V 贴片机	1	全班公用
3	北京同志科技 A8N 再流焊机	1	全班公用
4	半自动光学检测仪	1	全班公用
5	手动贴片机	25	
6	放大镜	3	
7	热风枪返修工作台	4	
8	手工焊接工具	1 套/人	
9	万用表	1 套/人	

实训产品元件清单如下。

名　称	位　号	规　格	封装/型号	数　量	备　注
贴片电阻	R1	15 Ω	0805	1	SMT
	R2	2.4 Ω	0805	1	SMT
	R3	10 kΩ	0805	1	SMT
	R4	13 kΩ	0805	1	SMT
	R5	5.6 kΩ	0805	1	SMT
	R6	0 Ω	0805	1	SMT
贴片电容	C1	30 pF	0805	1	SMT
	C2	82 pF	0805	1	SMT
	C3	220 pF	0805	2	SMT
	C4	330 pF	0805	1	SMT
	C5	470 pF	0805	1	SMT
	C6	2.2 nF	0805	2	SMT
	C7	3.3 nF	0805	2	SMT
	C8	10 nF	0805	1	SMT
	C9	47 nF	0805	1	SMT

续表

名　　称	位　　号	规　　格	封装/型号	数　量	备　　注
贴片电容	C10	100 nF	0805	7	SMT
集成芯片	U1	IC9088	S0P16	1	SMT
	U2	IC2822	SOP8	1	SMT
直插电容	C11	3.3 nF		1	THT
	C12	100 nF		1	THT
	C13	220 μF		1	THT
	C14	3 300 pF		2	THT
电感	L1	3.5 T		1	THT
	L2	4.5 T		2	THT
二极管	D1	910		1	THT
电位器	RP	10 kΩ		1	THT
拉杆天线	W1	5×360 mm		1	THT
扬声器	Y1	57 mm		2	THT
轻触开关	K1	KEY		2	THT
电路板					
结构体	正极片			1	
	负极片			1	
	连体弹簧			1	
	机壳面板			1	
	导线	90 mm		2	
	自攻螺丝	M2.5×6 mm^2		4	
	电位器拨轮	20×2 mm^2		1	

3. 实训步骤

实训步骤按下图所示的 SMT 实训装配工艺流程进行。

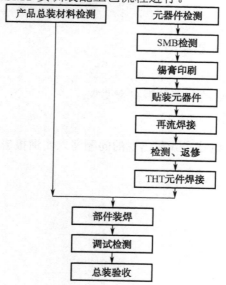

1）安装前的检查

（1）印制电路板检查。

① 图形是否完整，有无短路、断路缺陷。

② 孔位及尺寸是否准确。

③ 表面涂层是否均匀。

（2）外壳材料检查。

（3）SMT 元器件检查。

（4）THE 元器件检测。

2）印刷锡膏

用 Autonics 印刷机在 SMB 上印刷锡膏，并检测印刷质量。

3）贴装 SMT 元器件

用 Autonics TP50V 贴片机贴装 SMT 元器件，并检测贴装质量。

4）焊接 SMT 元器件

用同志科技再流焊机进行 SMT 元器件的焊接，并用半自动光学检测仪或放大镜检测焊接质量，根据检测质量，判定是否返修。

5）安装并焊接 THT 元器件

THT 元器件安装在 PCB 反面，使用电烙铁在另外一面进行焊接。

6）调试

（1）所有元器件焊接后目视检测。

（2）检测元器件的型号、规格、数量及位置是否与图纸符合。

（3）焊点检测：有无虚焊、漏焊及桥连等缺陷。

（4）加电压进行电流测试。

7）总装

（1）安装导线。

（2）安装外壳，并装上固定螺丝钉。

8）检查

总装完毕后，检测 SMA 的功能是否符合要求。

4. 实训报告

总结整个生产过程，将组装步骤和出现的问题写入实训报告。

附录 A　SMT 生产作业制程范例

作业顺序	1	2	3	4	5	6	7	8	9	10
制程名称	送板	印锡	SPI	置件	炉前目检	过炉	AOI	IPQC	拆板配号	送 QC

1. 送板

底座	版本	
载具	版本	
双面防高温胶带	产品名称/料号	
送板机	名称/版本	

（1）操作人员在操作过程中需戴防静电手套。

（2）送板站印锡人员每次最多只能开封 2 包裸板，避免裸板长时间的暴露在空气中。

（3）在 PCB 板图标位置贴标贴，如图 A-1 所示。

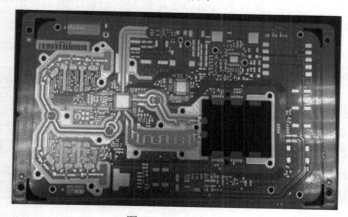

图 A-1　PCB 标贴

（4）在 PCB 板边缘对应的载板位置贴上双层防高温胶带（双面胶），上下各 1 条，如图 A-2 所示，胶带长度不能超过 PCB 板板边的长度。

防高温

图 A-2　贴防高温胶带

（5）将载具置于载具平台上（载具面积和载具平台面积一样），按照图 A-3 所示将 PCB 板贴于载具上。

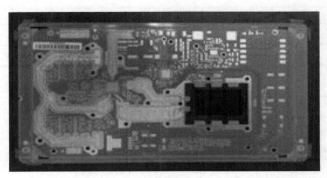

图 A-3　装载具

（6）贴完载具的 PCB 板需在 L 形架中竖直摆放，不可将装有 PCB 的载具板平铺叠放，如图 A-4 所示。

（7）将安装完载具的 PCB 板放入送板机中，标贴一边位于图示圈出一边，标贴一侧位于左边，方向为图示方向，如图 A-5 所示。

图 A-4　PCB 放置

图 A-5　放入送板机

2. 印锡（无铅免洗）

锡膏	型号	
钢 版	编号	
	名称	
	日期/版本	
	厚度	
使用设备	线别	程 式 名 称
MPM		

（1）打件时需按照工单要求，选择钢网版本。

（2）程序名称中的 XXX_XX 为 BOM 版本及 2 位流水号。

（3）作业人员在放置 PCBA 时应注意板子的进板方向，自动印刷机使用贴有绿色"GP"标识的 8/12 英寸无铅刮刀，如图 A-6 所示。

图 A-6　印刷机刮刀

（4）需要执行的动作。

动　作	频　率	其　他
机器擦拭钢网	每印刷两片进行一次	设定印刷机，机器自动进行擦拭钢网动作。
钢网房清洗钢网	每班进行一次	具体操作见钢网清洗机使用 SOP。
锡膏回笼	每小时进行一次	将被刮刀刮至两端的锡膏回笼，防止锡膏长时间放置，并填写锡膏回笼记录表。

（5）按照锡膏领用要求，产线每天至小库领取锡膏，锡膏使用前应注意其是否在规定使用期限内，使用时间为 1 天（含），超过使用期限的锡膏须报废，并在锡膏瓶上注明开封时间，如图 A-7 所示。

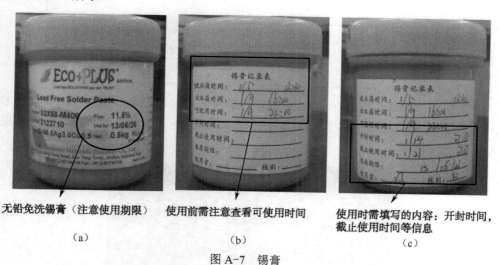

无铅免洗锡膏（注意使用期限）　使用前需注意查看可使用时间　使用时需填写的内容：开封时间，截止使用时间等信息

（a）　　　　（b）　　　　（c）

图 A-7　锡膏

3. SPI

（1）SPI 站主要为测试 PCB 板印锡状况是否良好。当 SPI 测试报警时，屏幕的右下端有显示 Error Component，单击"+"按钮，展开所有不良组件的信息，选择其中一个，屏幕中间区域红色字体显示的为不良信息，可按"Enter"键查看不良组件的二维/三维影像，作业人员需拿出板子使用放大镜对照显示器中的影像相应位置（屏幕左边绿色区域的黄色框）检查确认是否不良，如图 A-8 所示。

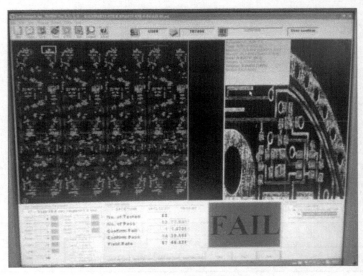

图 A-8　SPI 检测界面

（2）SPI 检查 PCB 板时，若机台报警，作业人员需拿板子对照机器影像相应位置检查确认。

不 良 现 象	需进行的动作
Chip 类组件出现多锡、少锡、漏印现象	需在 PCB 板板边用 Mark 笔标示不良位号，AOI 人员重点检验
IC 类组件多锡、少锡、短路、漏印现象	进行洗板动作。清洗 PCB 时要用钢板清洗机清洗，并在显微镜下看过没有锡珠残留才可以再次使用
整体偏移及大面积不良	需立即停止印刷并通知技术人员立即改善

（3）当 SPI 直通率低于 90%时，需停止印刷并立即向现场管理人员反映要求技术人员改善。如果调整仍然不良，需立即召开 FRB-Meeting 讨论改善和处理办法，检测结果界面如图 A-9 所示。

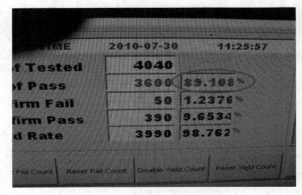

图 A-9　检测结果界面

（4）SPI 不良图片，如图 A-10 所示。

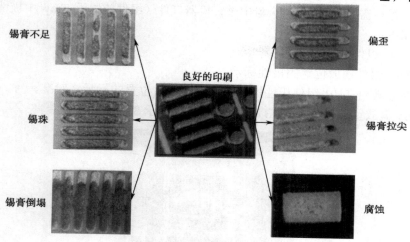

锡膏不足　　偏歪

良好的印刷

锡珠　　锡膏拉尖

锡膏倒塌　　腐蚀

图 A-10　SPI 不良图片

4. 自动贴片

线　　别	机　　型	程 式 名 称
Fuji	NXT	
Fuji	XPF	

（1）作业人员每天在开线前、吃饭及休息结束后需进行对料操作（12 h 4 次），并在日生产报表中记录。

（2）作业人员每小时需填写《SMT 日生产记录表》；需填写锡膏使用量、产品名称、目标产量、实际产量、消耗时间。若未达到产量，需填写原因及消耗时间，每天完成后需产线管理人员签字。

（3）新工单上线时，人员需按照上料表上料，上料/换料时（含散料），人员需先确认料号，比对两种料的外形、颜色、大小，如是 IC 组件需比对丝印，若散料为电阻/电容时，产线需确认小库是否已测量阻值/容值，并填写接换料记录表。

（4）PDA 闲置不使用时需放置在桌面上的充电底座上，如图 A-11 所示。严禁 PDA 摆放在贴片机的 Feeder 架上。

图 A-11　PDA

（6）T101 组件需要手摆至 Tray 盘中进行机器打件（组件放置于 Tray 中极性如图 A-12 所示标识），图中：

① 1 为 T101 组件极性标示。

② 2 为 Tray 组件摆放位置的极性标示。

③ 手摆时候要将 T101 组件极性标示 1 位置与摆放位置的标示 2 对准。

④ 将 Tray 盘放置于 XPF 机台 BTU 平台上时，标示 3 要位于左上端。

图 A-12　T101 组件极性

5. 再流焊前目检

（1）在再流焊机前的轨道上固定好放大镜（3～5 倍），调整好放大镜镜面的位置以利于观察产品。无特殊原因，产品禁止拿离轨道，避免有抹板的状况发生，把 PCBA 平放到放大镜下方。

（2）透过放大镜观察 PCBA 板上各组件的打件情况。检查贴装的组件是否有偏移、缺件、反白、破损、极性装反等现象。

（3）在观察过程中请慢慢水平移动 PCBA 板以观察所有打件组件。

注意事项：

① 每一笔工单的首片要做炉前目检。

② 将每一个组件与 Sample 进行比较，以确保每个料件在正确位置上和极性正确。

③ 作业人员在作业时必须按正确方式配戴合格的静电环、静电手套。

④ 取放 PCBA 板时只能接触板边平移。目检 PCBA 板时要水平放置，不可歪斜。

⑤ 需要返工的组件不应破坏锡膏的成形，且要放置在 PAD 的正中央，并作为重点检验对象。

要目检以下组件极性是否正确：

样图	位号	极性	样图	位号	极性
	U201	左下		U202	右上
	T101	左上		C121 C120	右侧

续表

样图	位号	极性	样图	位号	极性
	X1	如图		C128	右侧
	C123 C122	右侧		U103	右下
	C134	下侧		Y201	左上

6. 再流焊接

（1）温度设定。

线别	T1	T2	T3	T4	T5	T6	T7	T8	冷却	网/链	速度
	B1	B2	B3	B4	B5	B6	B7	B8			
FUJI 线	140	160	180	195	235	265	275	255	水冷	链	65 cm/min
	140	160	180	195	235	265	275	255			

（2）Profile 图：温度曲线如图 A-13 所示。

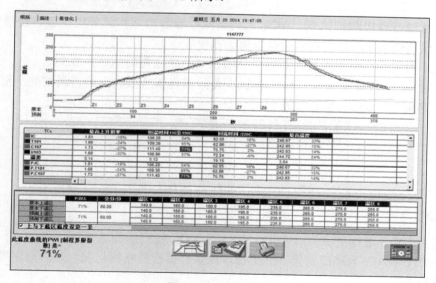

图 A-13　温度曲线

注意事项：

（1）炉温测量的实际最高温度不得高于 250 ℃，制程界限指数>75%，需告知技术员处理。

（2）线长应注意填写首件检查表相关内容。

（3）工单上线时在线须确认炉温设定是否与 SOP 要求一致。

7. AOI 测试

（1）人员检测时，需将 AOI 检测出的不良图像与 PCBA 板上的实物进行对比，确认为真正不良时，需将不良缺点输入系统，贴好不良标示，并将不良品打入不良品维修区。AOI 检测如图 A-14 所示。

（2）当 AOI 不良缺点为缺件时，人员需检查整个 PCBA 板上是否有多件。AOI 检测如图 A-14 所示。

（3）AOI 目检完，人员需使用特定的圆头镊子分别从两侧贴胶带位置将 PCBA 从载具上刮开。

（4）将 PCBA 与载具分离，将高温胶带保留于载具上，用镊子刮时要注意不要刮伤板材和组件；将 AOI 测试良品板置于待 IPQC 目检的 L 形架内。

图 A-14　AOI 检测

注意事项：

（1）若同一问题点出现了 3 次，请立即通知技术人员调整。

（2）注意做好静电防护措施，AOI 人员需佩戴防静电环和防静电手套，防静电环需插入多功能静电腕带报警器，且插入后报警器无报警。

（3）AOI 测试时，AOI 人员针对每个机器误判的缺点需确认至少 0.5 s。

（4）针对 AOI 所报的缺点，AOI 测试人员除需确认所报缺点是否属实外，需特别注意是否存在如下缺陷，以防止问题的误判：

AOI 报错内容	可能发生的不良状态
缺件	缺件、极反、偏移、立碑、旋转、漏焊
Void	漏焊、锡少、锡多、立碑
翘脚	漏焊、缺件、极反、偏移

8. IPQC 目检

（1）需要 IPQC 进行目检的组件共计 20 个。IPQC 检测如图 A-15 所示。

（2）U201、U202 为底部吃锡 IC 组件，需重点目检其吃锡状况，是否有空焊、锡少、短路等不良现象。

（3）Q101、Q114、U102 侧边吃锡 100%（工艺要求）。

（4）T201、X1、L103、L104、L105、L106、L108、C107、C122、J201、J301、J302、J303、Y201 为 AOI 测试盲区，IPQC 人员需目检其引脚吃锡状况是否 OK，组件贴装是否偏移等，其中 J301、J302、J303 还需目检其 pin 角是否有翘起变形等不良现象。

（5）T101、U103 需 IPQC 人员目检其吃锡状况，是否有空焊不良。

（6）IPQC 人员需将检出的缺点输入 MES 系统。

（7）PCBA 背面检验：检验 IC 背面是否有渗锡。

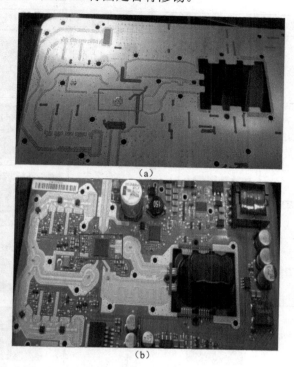

（a）

（b）

图 A-15　IPQC 检测

注意事项：

（1）此机种 PCBA 板较薄，人员应注意轻拿轻放。

（2）目检时需要做好防静电措施，IPQC 人员需佩戴防静电环和防静电手套，防静电环需插入多功能静电腕带报警器，且插入后报警器需要无报警，LED 显示为绿色。

AOI 盲区位号位置分布如图 A-16 所示。

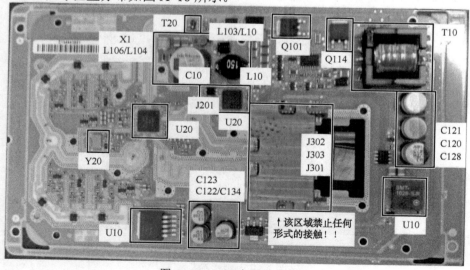

图 A-16　AOI 盲区位号位置

目检组件一览表：

样图	位号	要求	样图	位号	要求	样图	位号	要求
	T201	是否空焊		Q101 Q114	侧边 100% 吃锡		U202	IC 组件，极性（右上），引脚是否空焊、锡少、短路
	X1	是否空焊		T101	引脚是否空焊，极性是否正确（左上）		U201	IC 组件，极性（左下），引脚是否空焊、锡少、短路
	L104 L106	是否空焊		C121 C120	是否空焊、偏移，极性是否正确（右侧）		U102	侧边 100% 吃锡
	L103	是否空焊		C128	是否空焊、偏移，极性是否正确（右侧）		C123 C122	是否空焊、偏移，极性是否正确（右侧）
	L108 &J201	是否空焊		U103	是否空焊、偏移，极性是否正确（右下）		C134	是否空焊、偏移，极性是否正确（下侧）
	L105	是否空焊		Y201	底部吃锡，是否空焊，极性是否正确（左上）		J301 J302 J303	是否空焊是否脚翘

9. 裁板

（1）裁板时需要用裁板治具，将板子水平放置在裁板治具上，治具如图 A-17 所示，注意 T101 组件的位置。

（a）

图 A-17　裁板治具

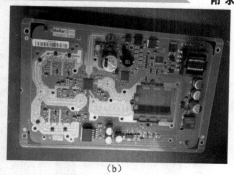

（b）

图 A-17 裁板治具（续）

（2）将板子放在治具上，先裁一条边，然后依次按照相同的方法裁完剩余三条边，裁板完成后人员需检查板边是否有毛刺。

注意事项：

① 裁板人员在裁板时需要戴静电手套和静电环，且注意轻拿轻放。

② 裁板时轻拿轻放，裁板完后人员检查板边是否有毛刺，板边线路是否有破损，金手指是否有变形。

③ 裁完板装箱时需 100%检验金手指是否有变形。

裁板工作过程示意图如图 A-18 所示。

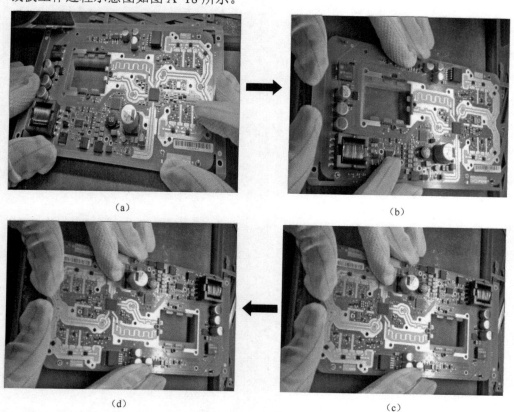

图 A-18 裁板工作过程示意

10. 其他事项

良品与不良品的标识。对于 SMT 打件后直接送检的产线贴上绿色标签，对于不良品，则贴上红色不良标签，如图 A-19 所示：

　　（a）良品　　　　　　　　（b）待检品　　　　　　（c）维修品

图 A-19　检测品标识

附录 B　SMT 常见英文缩略语及含义

简称	英文全称	中文解释
SMT	Surface Mount Technology	表面组装技术
SMD	Surface Mount Device	表面组装器件
DIP	Dual In-line Package	双列直插式封装技术
QFP	Quad Flat Package	四面扁平封装
PQFP	Plastic Quad Flat Package	塑料四边引线扁平封装
SQFP	Shorten Quad Flat Package	缩小型细引脚间距 QFP
BGA	Ball Grid Array Package	球栅阵列封装
PGA	Pin Grid Array Package	针栅阵列封装
CPGA	Ceramic Pin Grid Array	陶瓷针栅阵列矩阵
PLCC	Plastic Leaded Chip Carrier	塑料有引线芯片载体
LCCC	Leaded Ceramic Chip Carrier	塑料无引线芯片载体
SOP	Small Outline Package	小尺寸封装
TSOP	Thin Small Outline Package	薄小外形封装
SOT	Small Outline Transistor	小外形塑封晶体管
SOJ	Small Outline J-lead Package	J 形引线小外形封装
SOIC	Small Outline Integrated Circuit Package	小外形集成电路封装
MCM	Multil Chip Module	多芯片组件
SOC	System On Chip	系统级芯片
CSP	Chip Size Package	芯片尺寸封装
COB	Chip On Board	板上芯片

附录 C　SMT 基本名词解释

A

Accuracy（精度）：测量结果与目标值之间的差额。

Additive Process（加成工艺）：一种制造 PCB 导电布线的方法，通过选择性的在板层上沉淀导电材料（铜、锡等）。

Adhesion（附着力）：类似于分子之间的吸引力。

Aerosol（气溶剂）：小到足以空气传播的液态或气体粒子。

Angle of attack（迎角）：丝印刮板面与丝印平面之间的夹角。

Anisotropic adhesive（各异向性胶）：一种导电性物质，其粒子只在 Z 轴方向通过电流。

Annular ring（环状圈）：钻孔周围的导电材料。

Application specific integrated circuit （ASIC 特殊应用集成电路）：客户定制得用于专门用途的电路。

Array（列阵）：一组元素，如：锡球点，按行列排列。

Artwork（布线图）：PCB 的导电布线图，用来产生照片原版，可以以任何比例制作，但一般为 3∶1 或 4∶1。

Automated test equipment （ATE 自动测试设备）：为了评估性能等级，设计用于自动分析功能或静态参数的设备，也用于故障离析。

Automatic optical inspection （AOI 自动光学检查）：在自动系统上，用相机来检查模型或物体。

B

Ball grid array （BGA 球栅列阵）：集成电路的包装形式，其输入输出点是在元件底面上按栅格样式排列的锡球。

Blind via（盲通路孔）：PCB 的外层与内层之间的导电连接，不继续通到板的另一面。

Bond lift-off（焊接升离）：把焊接引脚从焊盘表面（电路板基底）分开的故障。

Bonding agent（黏合剂）：将单层黏合形成多层板的胶剂。

Bridge（锡桥）：把两个应该导电连接的导体连接起来的焊锡，引起短路。

Buried via（埋入的通路孔）：PCB 的两个或多个内层之间的导电连接（即从外层看不见的）。

C

CAD/CAM system（计算机辅助设计与制造系统）：计算机辅助设计是使用专门的软件工具来设计印刷电路结构；计算机辅助制造把这种设计转换成实际的产品。这些系统包括用于数据处理和储存的大规模内存、用于设计创作的输入和把储存的信息转换成图形和报告的输出设备。

Capillary action（毛细管作用）：使熔化的焊锡，逆着重力，在相隔很近的固体表面流动

的一种自然现象。

　　Chip on board（COB 板面芯片）：一种混合技术，它使用了面朝上胶着的芯片元件，传统上通过飞线连接于电路板基底层。

　　Circuit tester（电路测试机）：一种在批量生产时测试 PCB 的方法。包括针床、元件引脚脚印、导向探针、内部迹线、装载板、空板和元件测试。

　　Cladding（覆盖层）：一个金属箔的薄层黏合在板层上形成 PCB 导电布线。

　　Coefficient of the thermal expansion（温度膨胀系数）：当材料的表面温度增加时，测量到的每度温度材料膨胀百万分率（ppm）。

　　Cold cleaning（冷清洗）：一种有机溶解过程，液体接触完成焊接后的残渣清除。

　　Cold solder joint（冷焊锡点）：一种反映湿润作用不够的焊接点，其特征是，由于加热不足或清洗不当，外表灰色、多孔。

　　Component density（元件密度）：PCB 上的元件数量除以板的面积。

　　Conductive epoxy（导电性环氧树脂）：一种聚合材料，通过加入金属粒子，通常是银，使其通过电流。

　　Conductive ink（导电墨水）：在厚胶片材料上使用的胶剂，形成 PCB 导电布线图。

　　Conformal coating（共形涂层）：一种薄的保护性涂层，应用于顺从装配外形的 PCB。

　　Copper foil（铜箔）：一种阴质性电解材料，沉淀于电路板基底层上的一层薄的、连续的金属箔，它作为 PCB 的导电体。它容易黏合于绝缘层，接受印刷保护层，腐蚀后形成电路图样。

　　Copper mirror test（铜镜测试）：一种助焊剂腐蚀性测试，在玻璃板上使用一种真空沉淀薄膜。

　　Cure（烘焙固化）：材料的物理性质上的变化，通过化学反应，或有压/无压的对热反应。

　　Cycle rate（循环速率）：一个元件贴片名词，用来计量从拿取、到板上定位和返回的机器速度，也叫测试速度。

D

　　Data recorder（数据记录器）：以特定时间间隔，从附着于 PCB 的热电偶上测量、采集温度的设备。

　　Defect（缺陷）：元件或电路单元偏离了正常接受的特征。

　　Delamination（分层）：板层的分离和板层与导电覆盖层之间的分离。

　　Desoldering（卸焊）：把焊接元件拆卸下来修理或更换，方法包括用吸锡带吸锡、真空（焊锡吸管）和热拔。

　　Dewetting（去湿）：熔化的焊锡先覆盖、后收回的过程，留下不规则的残渣。

　　DFM（为制造着想的设计）：以最有效的方式生产产品的方法，将时间、成本和可用资源考虑在内。

　　Dispersant（分散剂）：一种化学品，加入水中增加其去颗粒的能力。

　　Documentation（文件编制）：关于装配的资料，解释基本的设计概念、元件和材料的类型与数量、专门的制造指示和最新版本。使用三种类型：原型机和少数量运行、标准生产线和（或）生产数量，以及那些指定实际图形的政府合约。

Downtime（停机时间）：设备因维护或失效而不生产产品的时间。

Durometer（硬度计）：测量刮板刀片的橡胶或塑料硬度。

E

Environmental test（环境测试）：一个或一系列的测试，用于决定外部对于给定的元件包装或装配的结构、机械和功能完整性的影响。

Eutectic solders（共晶焊锡）：两种或更多的金属合金，具有最低的熔化点，当加热时，共晶合金直接从固态变到液态，而不经过塑形阶段。

F

Fabrication（制造）：设计之后装配之前的空板制造工艺，单独的工艺包括叠层、金属加成/减去、钻孔、电镀、布线和清洁。

Fiducial（基准点）：和电路布线图合成一体的专用标记，用于机器视觉，以找出布线图的方向和位置。

Fillet（焊角）：在焊盘与元件引脚之间由焊锡形成的连接，即焊点。

Fine-pitch technology（FPT 密脚距技术）：表面贴片元件包装的引脚中心间隔距离为 0.025"（0.635mm）或更少。

Fixture（夹具）：连接 PCB 到处理机器中心的装置。

Flip chip（倒装芯片）：一种无引脚结构，一般含有电路单元。设计用于通过适当数量的位于其面上的锡球（导电性黏合剂所覆盖），在电气上和机械上连接于电路。

Full liquidus temperature（完全液化温度）：焊锡达到最大液体状态的温度水平，最适合于良好湿润。

Functional test（功能测试）：模拟其预期的操作环境，对整个装配的电器测试。

G

Golden boy（金样）：一个元件或电路装配，已经测试并知道功能达到技术规格，用来通过比较测试其他单元。

H

Halides（卤化物）：含有氟、氯、溴、碘或砹的化合物，是助焊剂中催化剂部分，由于其腐蚀性，必须清除。

Hard water（硬水）：水中含有碳酸钙和其他离子，可能聚集在干净设备的内表面并引起阻塞。

Hardener（硬化剂）：加入树脂中的化学品，使得提前固化，即固化剂。

I

In-circuit test（在线测试）：一种逐个元件的测试，以检验元件的放置位置和方向。

J

Just-in-time（JIT 刚好准时）：通过直接在投入生产前供应材料和元件到生产线，以把库存降到最少。

L

Lead configuration（引脚外形）：从元件延伸出的导体，起机械与电气两种连接点的作用。

Line certification（生产线确认）：确认生产线顺序受控，可以按照要求生产出可靠的PCB。

M

Machine vision（机器视觉）：一个或多个相机，用来帮助找元件中心或提高系统的元件贴装精度。

Mean time between failure （MTBF 平均故障间隔时间）：预料可能的运转单元失效的平均统计时间间隔，通常以每小时计算，结果应该表明实际的、预计的或计算的。

N

Nonwetting（不熔湿的）：焊锡不黏附金属表面的一种情况。由于待焊表面的污染，不熔湿的特征是可见基底金属的裸露。

O

Omegameter（奥米加表）：一种仪表，用来测量 PCB 表面离子残留量，通过把装配浸入已知高电阻率的酒精和水的混合物，其后，测得和记录由于离子残留而引起的电阻率下降。

Open（开路）：两个电气连接的点（引脚和焊盘）变成分开，原因或者是焊锡不足，或者是连接点引脚共面性差。

Organic activated （OA 有机活性的）：有机酸作为活性剂的一种助焊系统，水溶性的。

P

Packaging density（装配密度）：PCB 上放置元件（有源/无源元件、连接器等）的数量；表达为低、中或高。

Photoploter（相片绘图仪）：基本的布线图处理设备，用于在照相底片上生产原版 PCB布线图（通常为实际尺寸）。

Pick-and-place（拾取-贴装设备）：一种可编程机器，有一个机械手臂，从自动供料器拾取元件，移动到 PCB 上的一个定点，以正确的方向贴放于正确的位置。

Placement equipment（贴装设备）：结合高速和准确定位地将元件贴放于 PCB 的机器，分为三种类型：SMD 的大量转移、X/Y 定位和在线转移系统，可以组合以使元件适应电路板设计。

R

Reflow soldering（回流焊接）：通过各个阶段，包括预热、稳定/干燥、回流峰值和冷却，把表面贴装元件放入锡膏中以达到永久连接的工艺过程。

Repair（修理）：恢复缺陷装配的功能的行动。

Repeatability（可重复性）：精确重返特性目标的过程能力。一个评估处理设备及其连续性的指标。

Rework（返工）：把不正确装配带回到符合规格或合约要求的一个重复过程。

Rheology（流变学）：描述液体的流动或其黏性和表面张力特性，如锡膏。

S

Saponifier（皂化剂）：一种有机或无机主要成份和添加剂的水溶液，用来通过诸如可分散清洁剂，促进松香和水溶性助焊剂的清除。

Schematic（原理图）：使用符号代表电路布置的图，包括电气连接、元件和功能。

Semi-aqueous cleaning（不完全水清洗）：涉及溶剂清洗、热水冲刷和烘干循环的技术。

Shadowing（阴影）：在红外回流焊接中，元件身体阻隔来自某些区域的能量，造成温度不足以至完全熔化锡膏的现象。

Silver chromate test（铬酸银测试）：一种定性的、卤化离子在 RMA 助焊剂中存在的检查。（RMA 可靠性、可维护性和可用性）

Slump（坍落）：在模板丝印后固化前，锡膏、胶剂等材料的扩散。

Solder bump（焊锡球）：球状的焊锡材料黏合在无源或有源元件的接触区，起到与电路焊盘连接的作用。

Solderability（可焊性）：为了形成很强的连接，导体（引脚、焊盘或迹线）熔湿的（变成可焊接的）能力。

Soldermask（阻焊）：印刷电路板的处理技术，除了要焊接的连接点之外的所有表面由塑料涂层覆盖住。

Solids（固体）：助焊剂配方中，松香的重量百分比（固体含量）。

Solidus（固相线）：一些元件的焊锡合金开始熔化（液化）的温度。

Statistical process control （SPC 统计过程控制）：用统计技术分析过程输出，以其结果来指导行动，调整和（或）保持品质控制状态。

Storage life（储存寿命）：胶剂的储存和保持有用性的时间。

Subtractive process（负过程）：通过去掉导电金属箔或覆盖层的选择部分，得到电路布线。

Surfactant（表面活性剂）：加入水中降低表面张力、改进湿润的化学品。

Syringe（注射器）：通过其狭小开口滴出的胶剂容器。

T

Tape-and-reel（带和盘）：贴片用的元件包装，在连续的条带上，把元件装入凹坑内，凹坑由塑料带盖住，以便卷到盘上，供元件贴片机用。

Thermocouple（热电偶）：由两种不同金属制成的传感器，受热时，在温度测量中产生一个小的直流电压。

Type I，II，III assembly（第一、二、三类装配）：板的一面或两面有表面贴装元件的 PCB（I）；有引脚元件安装在主面、有 SMD 元件贴装在一面或两面的混合技术（II）；以无源 SMD 元件安装在第二面、引脚（通孔）元件安装在主面为特征的混合技术（III）。

Tombstoning（元件立起）：一种焊接缺陷，片状元件被拉到垂直位置，使另一端不焊。

U

Ultra-fine-pitch（超密脚距）：引脚的中心对中心距离和导体间距为 0.010″（0.25mm）或更小。

V

Vapor degreaser（汽相去油器）：一种清洗系统，将物体悬挂在箱内，受热的溶剂气体凝结于物体表面。

Void（空隙）：锡点内部的空穴，在回流时气体释放或固化前夹住的助焊剂残留所形成。

Y

Yield（产出率）：制造过程结束时使用的元件和提交生产的元件数量比率。

参考文献

[1] 周德俭，吴兆华，李春泉. SMT 组装系统[M]. 北京：国防工业出版社，2007.

[2] 张文典. 实用表面组装技术[M]. 北京：电子工业出版社，2006.

[3] 韩满林，郝秀云. 表面组装技术[M]. 北京：人民邮电出版社，2014.

[4] 北京电子学会表面安装技术委员会. 表面组装技术（SMT）基础与通用工艺[M]. 北京：电子工业出版社，2014.

[5] 陆文娟，陈华林. 表面组装技术（SMT）[M]. 北京：人民邮电出版社，2013.

[6] 杜中一. SMT 表面组装技术[M]. 北京：电子工业出版社，2012.

[7] 王玉鹏. SMT 生产实训[M]. 北京：清华大学出版社，2012.

[8] 曹白杨. 表面组装技术基础[M]. 北京：电子工业出版社，2012.

[9] 李朝林. SMT 制程[M]. 天津：天津大学出版社，2009.

[10] 李朝林. SMT 设备维护[M]. 天津：天津大学出版社，2009.

[11] 龙绪明. 电子 SMT 制造技术与技能[M]. 北京：电子工业出版社，2012.

[12] 贾忠中. SMT 工艺质量控制[M]. 北京：电子工业出版社，2007.

[13] 周德俭等. SMT 组装质量检测与控制[M]. 北京：国防工业出版社，2007.

[14] 樊融融. 现代电子装联无铅焊接技术[M]. 北京：电子工业出版社，2008.

[15] 朱贵兵. 电子制造设备原理与维护[M]. 北京：国防工业出版社，2011.

[16] 余国兴. 现代电子装联工艺基础[M]. 西安：西安电子科技大学出版社，2007.

[17] 王卫平. 电子产品制造技术[M]. 北京：清华大学出版社，2005.

[18] 黄永定. SMT 技术基础与设备[M]. 北京：电子工业出版社，2007.

[19] 祝瑞华. SMT 设备的运行与维护[M]. 天津：天津大学出版社，2009.

[20] 何丽梅. SMT——表面组装技术[M]. 北京：机械工业出版社，2006.

[21] 王得贵. 电子组装技术的重大变革[J]. 电子电路与封装，2005.

[22] 史建卫，等. 再流焊技术的新发展[J]. 电子工业专用设备，2003.

[23] 曹白杨. 现代电子产品工艺[M]. 北京：电子工业出版社，2012.

[24] 龙绪明. 先进电子制造技术[M]. 北京：机械工业出版社，2010.